建筑类专业大学生
科技创新能力培养与就业
—— 全程指导 ——

李守玉　王秉楠　著

中国建筑工业出版社

图书在版编目（CIP）数据

建筑类专业大学生科技创新能力培养与就业全程指导/
李守玉，王秉楠著. —北京：中国建筑工业出版社，
2023.4
ISBN 978-7-112-28613-3

Ⅰ.①建… Ⅱ.①李… ②王… Ⅲ.①高等学校—建
筑工程—人才培养—研究—中国 ②建筑工程—大学生—就
业—研究—中国 Ⅳ.①TU ②G647.38

中国国家版本馆CIP数据核字（2023）第063122号

本书立足于建筑类专业大学生，对就业市场需求中的科技创新能力进行了准确的界定，将就业指导工作与大学生科技创新相结合，借助建筑类专业大学生科技创新活动的有效载体，培养大学生科技创新能力，完善就业指导工作，有计划、有目的地形成四年不间断的建筑类专业大学生科技创新全程化就业指导工作，为建筑类高校学生的科技创新能力培养和高质量就业提供经验参考。本书适用于建筑类专业在校师生阅读参考。

责任编辑：唐　旭　吴　绫
文字编辑：吴人杰
书籍设计：锋尚设计
责任校对：张惠雯

建筑类专业大学生科技创新能力培养与就业全程指导
李守玉　王秉楠　著
*
中国建筑工业出版社出版、发行（北京海淀三里河路9号）
各地新华书店、建筑书店经销
北京锋尚制版有限公司制版
北京中科印刷有限公司印刷
*
开本：787毫米×1092毫米　1/16　印张：9¾　字数：173千字
2023年5月第一版　2023年5月第一次印刷
定价：**43.00**元
ISBN 978-7-112-28613-3
（40896）

　　党的二十大报告指出"坚持科技是第一生产力、人才是第一资源、创新是第一动力，深入实施科教兴国战略、人才强国战略、创新驱动发展战略""着力造就拔尖创新人才"。面对世界百年未有之大变局，新一轮科技革命与产业变革正在引发世界格局的深刻调整，新技术、新业态、新产业、新模式对新时代人才培养提出了新的要求。建筑业作为国民经济的重要产业，也面临着产业升级转型的机遇和挑战。高校作为培养创新人才的重要阵地，是国家科技创新体系的重要组成部分，需要聚焦教育强国、科技强国和人才强国建设，不断提高学生的创新思维和创新能力，为现代化强国建设提供源源不断的人才支撑。

　　北京建筑大学作为北京市唯一一所建筑类高校，肩负着首都城乡建设的重要任务，是支撑首都城乡建设创新型人才培养的重要力量。《建筑类专业大学生科技创新能力培养与就业全程指导》紧扣新时代建筑类专业人才需求，将就业指导工作与大学生科技创新能力培养相结合，借助科技创新活动的有效载体，提出"三全育人"的大学生科技创新能力培养模式，形成四年不间断的全过程就业指导方案，为建筑类专业大学生创新人才培养提供了教育借鉴。该书聚焦大学生科技创新能力培养，立足新时代高等教育人才培养工作实际，从大学生科技创新能力的概述、影响大学生科技创新能力的因素、大学生科技创新能力培养平台、建筑行业创新人才需求、建筑类专业大学生就业现状、基于大学生科技创新能力培养的全过程就业指导模式、大学生创新能力培养的访谈案例等七个章节进行了系统阐述和论述，借鉴中外经验，结合当前大学生科技创新实际，以当下建筑行业人才需求方向为导向，理论与实践相结合，案例分析和经验总结相结合，突出建筑特色，注重人才培养的实践积累和高等教育的规律把握。该书内容生动，事例详实，可读性强，对于贯彻党的二十大精神，推进大学生科技创新活动蓬勃发展具有重要价值。

希望该书的出版能够为建筑类专业大学生的科技创新能力培养提供指南，为建筑类高校学生高质量就业提供经验参考，为推进建筑业高质量的人才培养贡献一份智慧与力量。

北京建筑大学学生工作部部长

齐　勇

目 录

第一章
大学生科技创新能力概述

2016年5月，随着我国改革发展进入攻坚期和转型期，中共中央 国务院印发《国家创新驱动发展战略纲要》，提出到2020年进入创新型国家行列、2030年跻身创新型国家前列、到2050年建成世界科技创新强国"三步走"目标，并部署了包括"建设高水平人才队伍，筑牢创新根基"在内的八大战略任务。[1] 创新之道，唯在得人。我国要实现高水平科技自立自强，归根结底要靠高水平创新人才。当今世界，综合国力竞争归根到底是创新的竞争，抓住了创新，就抓住了牵引经济社会发展全局"牛鼻子"。而创新的内驱力来源于"人"，实现个人全面而自由的发展[2]。因此，创新的竞争就是创新人才的竞争。2022年，党的二十大报告提出"高质量发展""建设现代化产业体系""坚持科技是第一生产力、人才是第一资源、创新是第一动力，深入实施科教兴国战略、人才强国战略、创新驱动发展战略""着力造就拔尖创新人才"。[3]面对世界百年未有之大变局，新一轮科技革命与产业变革正在引发世界格局的深刻调整，新技术、新业态、新产业、新模式对新时代人才培养，特别是对新时代大学生的科技创新能力提出了新的要求。高校是培养创新人才的重要阵地，是科技创新的主力军和重要力量。建筑业作为国民经济的重要产业，面临着建筑产业现代化的重要挑战。提升建筑类专业大学生科技创新能力是直面世界百年未有之大变局，促进经济社会高质量发展的重要举措，直接影响着建筑产业的转型升级高质量发展。

---

[1] 中共中央 国务院. 国家创新驱动发展战略纲要［EB/OL］.［2016-05-20］. 人民网-人民日报官网.

[2] 陈芳，胡喆，温竞华，董瑞丰，张泉，王琳琳. "国家科技创新力的根本源泉在于人"——习近平关心科技工作者的故事［N］. 人民日报，2022-05-31（01版）.

[3] 党的二十大报告编写组. 高举中国特色社会主义伟大旗帜 为全面建设社会主义现代化国家而团结奋斗——习近平同志代表第十九届中央委员会向大会作的报告摘登［N］. 人民日报，2022-10-17（02版）.

第一节　科技创新的内涵与特征

一、科技创新的内涵

科技创新是原创性科学研究和技术创新的总称，是指创造和应用新知识、新技术、新工艺，采用新的生产方式和经营管理模式，开发新产品，提高产品质量，提供新服务的过程。科技创新可以被分成三种类型：知识创新、技术创新和现代科技引领的管理创新。创新能力一般是指根据一定的目标任务，提出新理论、新构想或发明新技术、新产品，从而创造性地解决问题的能力。创新能力包含创新意识、创新思维、创新技能、创新精神等几个方面。[①]

创新能力的培养应该是一种思想、一种理念的培养，是获得创新意识、形成创新思维、获取创新技能、培养创新精神的过程。

创新意识是基础，是获取创新思维与创新技能的前提。人们在获取思维与技能前，首先产生意识。创新意识是善于独立思考、敢于标新立异，提出新观点、新方法、解决新问题和创造新事物的意识。这种意识的获得主要是对事物的感觉和判断，用通俗点的话说就是：是否想到了某点。在意识的基础上，就可以形成更具体的理念，而这些理念就是创新思维。创新思维是逻辑思维、形象思维、直觉思维、灵感思维等多种思维形式的有机结合，是判断推理敏捷、概括综合准确、分析思考深刻、联想想象新奇的高级智能思维方式，创新思维起到非常重要的作用。拥有创新思维的人会通过其他媒介作用以独特的视角认识客观事物，以及借助于已有的知识和经验、用已知的条件去推测未知的事物。创新思维是提高认知水平的重要内在途径。创新思维会启发一个人主动获取创新技能。获取创新技能的过程是激发人们主动学习的过程，是人们会产生一种内在驱动力并朝着所期望的目标前进的过程。创新主体在开展创新活动时所需要的实践技能，包括信息加工技能、动手操作技能、运用创新技术的技能，等等。创新主体在开展创新活动过程中除了具备创新意识、创新思维、创新技能后，还需要蕴藏强大的创造力和精神动力，也就是创新精

---

① 吴连臣，关呈俊. 大学生科技创新活动实践与探索——大连海洋大学大学生创新活动指导手册［M］. 杨凌：西北农林科技大学出版社，2016，05：1.

神。创新精神囊括了信念、抱负、信心、决心与愿景。创新的过程不是一蹴而就的，甚至要经历无数次的失败与坎坷。而支撑创新主体经历磨难，坚持不懈一以贯之地则是创新精神。因此，创新精神包括高度的责任感和敬业精神，勇于开拓的精神，不畏艰险、力排众难的精神，对新事物的强烈好奇心以及敢于冒险、勇于进取的品质。具备了创新意识、创新思维、创新技能、创新精神这四个方面素质的人，才是具备创新能力的人。

二、大学生科技创新的特征

大学生科技创新活动的开展，主体是大学生，对象是科技创新活动。大学生开展科技创新活动属于整个社会开展科技创新活动的一部分，既有一般科技创新活动的共性，又有大学生的独特性，主要特征为：

（一）创新主体层次不同

大学生科技创新的主体受学历层次的影响，可以分为专科生、本科生、硕士生、博士生。不同学历层次的主体开展科技创新活动，受学识、专业、研究方向等因素的限制，其从事的科技创新活动也会截然不同。即便同是本科生，高年级与低年级学生也是有差别的。低年级学生开展的科技创新活动更偏重于科技创新意识、思维的培养，而高年级学生经过一定的专业知识积累，对于科技创新已经形成了一定的理论思考，掌握了一定的创新技能，其开展的科技创新活动更侧重于专业知识的运用、创新技能的获取与巩固、创新精神的塑造。

（二）创新能力参差不齐

大学生虽然具有思维敏捷、好奇心强等特点，但同时也处于身心成长的关键时期，对于很多事情还属于认知期、探索期。大学生不能够正确认识到科技创新能力对自身发展的重要性。在学习过程中，受就业和升学等压力的影响，普遍存在重视专业课学习，忽略创新能力培养的现象。而科技创新属于探索未知领域的实践，费时费力，又不列入必修课程范畴。所以，学生对科技创新能力的认识，停留在探索未知领域的实践不如学习好专业课更实用的认知层面。大学生在科技创新上缺乏信心，创新的兴趣和毅力不强，对一些陌生的学习领域感到恐惧，担心自己不能更好地胜任科研任务，创新能力培养呈现出阶梯状发展趋势，大学生科技创新能力参差不齐。

（三）创新客体专业性强

大学生开展科技创新活动都是以专业知识和专业技能为依托，开展科技创新。建筑类大学生开展科技创新也受专业限制，可以细分为建筑设计、结构设计、智能建造、节能减排、地理测绘、工业设计、城市管理等不同领域。学生开展科技创新活动的角度与思维也会受到专业限制。大学生开展科技创新是对专业知识和专业技能灵活掌握的运用与检测。大学生只有掌握扎实和牢固的专业知识和技能，才能将创新的视角开拓得更深远，才具备从事科技创新活动的实力。大学生科技创新成果呈现出较强的专业性。

（四）创新活动丰富多样

为了培养大学生科技创新能力，高校会定期开展学术讲座、学术交流、专业培训、文化沙龙等培训活动，帮助学生学习并掌握前沿科技知识。在具备了科技素养和创新意识后，学校还会开展不同层次的课外科技作品竞赛，如"挑战杯"大学生课外学术科技作品竞赛、"创青春"大学生创业计划竞赛、节能减排社会实践与科技作品竞赛、结构设计竞赛、房地产策划大赛、机器人工程创新设计大赛，等等，鼓励大学生立足专业，开展科学研究、发明制作、撰写论文，培养学生的科技创新思维和技能。

（五）创新成果视角独特

大学生正处于个体成长速度快、思维敏捷、好奇心强、知识探索能力逐步积累的特殊时期。大学生的思维较其他年龄个体，善于打破传统和习惯，解放思想，向陈规戒律挑战。其敏锐的思维能从不同的新角度提出问题，探索、开拓前人没认识或者没完全认识的新领域，以独到的见解分析问题、解决问题；善于以批判性的眼光挑战传统思维，突破旧认识、框架和现有的认识范围，用怀疑、批判的眼光去审视前人的成果，提出新的假说，革新首创。在独特性思考与批判性思维影响下，大学生科技创新成果视角独特，创造力强。

第二节　大学生科技创新的意义

一、科技创新是变革大学生专业学习的重要举措

科技创新要紧跟时代步伐，才能把握时代脉搏，跟上发展潮流，迎接变革挑战。大学生科技创新过程是对科学前沿知识的求索过程，对科学前沿知识的探索需要有扎实的专业知识背景，专业知识扎实是开展大学生科技创新的前提条件。大学生开展科技创新的过程不仅是对专业知识的灵活应用，而且也是对专业知识应用领域的开拓，很多科技创新都是多学科交叉融合的成果。一个完备的专业知识体系，不仅要有本学科的专业知识，还要有多学科知识的交叉融合。专业知识是由学科基础知识与专业知识汇聚而成的系统化知识体系。但其相对单一的知识面无法满足当今社会发展需求。科技创新可以有效窥见时代发展需求，促进跨学科、多学科的交叉融合，这种知识结构的融合反馈到专业教学环节，可以优化专业知识体系，促进学生既有精通的专业知识，又有广泛的知识面。从这个意义上说，科技创新可以支撑专业学习，甚至为专业学习提供方向，激发学生浓厚的专业学习兴趣，科技创新是对专业学习的一种延展和启发。另外，科技创新过程是大学生反复实践的过程。这个过程会造就科学严谨、实事求是、坚持不懈的科研态度，这种科研态度会反过来影响专业学习，形成科技创新与专业学习间良好的互动与结合。可以说，科技创新是变革大学生专业学习的重要举措。

二、科技创新是培养大学生创新能力的重要手段

良好的科技创新氛围可以让大学生产生创新意识和灵感，进而形成创新思维、培养创新技能，学习创新精神，提高大学生科技创新的积极性。学生在科技创新过程中，会通过自学、听讲座、头脑风暴等研讨式学习方法，增加知识总量，提高认知能力，独立思考，不断地把未被认识的东西变为可以认识和已经认识的东西。学生参与科技创新团体能营造良好的寝室文化、班级文化、社团文化。这将带动更多大学生产生创新意识和灵感，培育敢于探索和创新的精神，在这种精神支配下，大学生们会不断进行开拓性实践，开辟出人类实践活动的新领域。学校为了培

养学生的创新能力，也会合理利用大学里的各方面硬件资源，让学生在图书馆、实验室等不同的教学场所获得创作灵感，促进科技创新能力的培养。大学生通过在科技创新过程的校内外学习调研，让理论与实践相结合，在实践中发现问题、思考问题、解决问题，并在实际活动中取得相应成果。这些实践可以更好地提高大学生科技创新研究的兴趣，培养科技创新能力。

三、科技创新是锻炼大学生实践技能的重要载体

实践技能是理论学习与现实生活紧密结合的能力。大学生实践技能具体表现为具备一定的认知学习、表达沟通能力，可以灵活地将所掌握的知识和技能运用到社会实践，遇到问题能够通过独立思考自我决策，能够较好地适应社会发展。科技创新活动立足实践，以问题导向、多维度思考，促使学生团队协作、跨学科交流、综合能力提升。实践技能只能在实践中获取，大学生的实践动手能力的形成和发展需要反复进行实际动手训练和实践。而实践技能获取的前提是要求学生具有自主学习能力。但受应试教育的影响，本科生的自主学习意识普遍薄弱，自主学习能力有待进一步提高。从事科技创新活动的学生，会具有较强的自主学习能力，他们依托各种科技创新活动开展综合性创新实践。他们会在实践过程中获取手动操作教具的机会，这个实验过程不仅会使学生对专业学习产生浓厚兴趣，而且还会激发学生开展自学并获取一定的实践操作技能。而实践过程中，随着科技创新的深入，学生会参加各种团建和组会，团队协作能力、组织管理技能也会逐渐提升。这些实践技能不仅包括专业实践技能，还涉及全方面素质发展。可以说，科技创新是锻炼大学生实践技能的重要载体。

四、科技创新是提升大学生就业水平的重要途径

大学生就业决定着社会经济的长远发展，与社会和谐稳定有着重要的关联。2021年10月，国务院办公厅印发《关于进一步支持大学生创新创业的指导意见》，坚持创新引领创业、创业带动就业，支持高校毕业生创业就业，提升人力资源素质，促进大学生全面发展，实现大学生更加充分高质量就业。[①]要实现这一目标，

---

① 国办印发意见. 进一步支持大学生创新创业［N］. 人民日报，2021-10-13（03版）.

需要毕业生、高校、企业的共同努力。从毕业生自身来讲，应当首先练好"内功"，提升个人能力。其中科技创新能力对于学生综合素质能力提升有着至关重要的作用。对于高校来讲，受既定培养模式的限定，大学专业课程设计内容不可避免地滞后于现代社会发展，对于缺乏自主学习意识或自主学习能力较弱的学生来说，很容易与现代社会的实际发展情况脱节。应届大学生岗位胜任力较差，是导致就业难问题的症结所在。科技创新活动是对大学生专业知识体系、自主学习能力、创新能力、实践技能的拓展与延伸。对大学生来说，无论是读研深造，还是步入岗位，这些能力都是必须进一步强化的技能。对于学生个体而言，科技创新能力不仅是学生继续深造的必备素质，还是未来迈向工作岗位的坚实基础。培养大学生科技创新能力能够体现一所高校的办学水平和综合实力。鼓励与指导大学生科技创新，是培养探索创新的科学精神与团队合作沟通的协作精神，巩固专业知识体系、强化自主学习能力、锻炼实践技能、培养创新型人才的需要，是提升大学生就业水平的重要途径。

第三节　大学生科技创新活动的历史回顾

一、20世纪50~80年代的大学生科技创新活动

我国大学生科技创新活动起步较晚，最早可以追溯到20世纪五六十年代。中华人民共和国成立之初，百废待兴，各行各业为了恢复生产，亟需大量的科技人才。中华人民共和国高等教育被纳入国家现代化战略之中，为实现国家的工业化、现代化培养人才，服从和服务于经济建设需要。1956年，在党的"向科学进军"的号召下，全国高校大力开展学生科研互动。学生逐渐成为科学研究的新生力量，学生科研小组蓬勃兴起，大学生科技创新活动多以深入理解课本知识，解决生产实际问题为主，学生在半工半读、勤工俭学等形式下，发挥专业所长积极参与社会生产，在社会生产中开展科技创新活动，有力推动了当时的教学改革和经济社会发展。

1977年，伴随着高等学校招生考试的恢复，党中央提出"科技是第一生产力"，我国大学生科技创新教育逐步恢复并发展起来。这一时期，高校逐步重视学

生科技创新活动在人才培养中的作用，学生科技类社团逐步成为学生课外科技活动的主要载体。一些有科研兴趣的大学生在专业教师的引导下，以个人或者科研小组的方式，参与到老师的科研项目中。在协助老师开展科研工作的同时，加强专业学习，提升科研动手能力，在实际工作中切实发挥科研助手的作用。这些在校期间积极参与科研和教学的学生，又留校任教，逐渐成长为学校科研和教学的骨干力量。这一时期的科技创新特点还是以自发性为主，大学生参与老师科研活动属于老师和学生的自发行为，参与老师科研项目的学生还是少数。

1985年，中共中央颁布了《关于教育体制改革的决定》，开始释放高等教育自主权，这一举措激发了高等教育办学活力。早在1982年，清华大学就举办了"挑战杯"学生科学技术作品竞赛活动，这也是全国"挑战杯"课外科技竞赛的前奏。为了进一步推动大学生课外科技活动的开展，1989年，在共青团中央、国家教委的支持下，清华大学等34所高校和全国学联、中国科协及部分媒体联合发起举办了"挑战杯"大学生课外科技活动成果展览暨技术交流会。大赛沿用了"挑战杯"的名称，这也是今天"挑战杯"全国大学生课外学术科技作品竞赛第一届的赛事。这一赛事拉开了全国高校科技竞赛的序幕，自此，大学生科技创新活动进入发展期。

二、20世纪90年代以来的大学生科技创新活动

进入20世纪90年代，我国逐步推进素质教育，大学生科技创新活动发展进入系统化、规范化阶段。大学生科技创新活动的思维方式和开展形式也在发生变化。"创业计划大赛""科技创新周""主题设计大赛"等新项目层出不穷。创新已经不单意味着学术上的超前和领先，而且包括观念上的新、成果上的新以及创业精神上的新。1995年前后，清华大学、浙江大学、中国科学技术大学等著名高校借鉴国外培养一流人才的经验，在全国率先展开了本科生科研训练计划。本科生科研训练计划采取项目化的运作模式，设立创新基金，本科生自主申报，申报成功后确定立项，并给予资金支持。活动本质是鼓励本科生在导师指导下进行研究性学习，注重的是自主学习和创新思维的培养，并非期望本科生创造出多少原创性成果。随后国内高校纷纷效仿，本科生科研训练计划成为高校培养和提升大学生创新素质的重要途径。大学创新创业的视线也逐步投向实践运用的创业领域，获得了更广阔的发展

空间。学科竞赛也伴随着全国性大赛的出现逐渐发展，以全国"挑战杯"科技竞赛为龙头，全国大学生数学建模竞赛（首届年份1992年）、全国大学生电子设计竞赛（首届年份1994年）、"挑战杯"中国大学生创业计划大赛（首届年份1999年）等科技竞赛精彩纷呈，逐步形成了多层次、多类型的科技竞赛体系。有些竞赛至今仍欣欣向荣，呈现旺盛的生命力。

进入21世纪，培养大学生科技创新能力成为提高高等教育质量的核心内容。经济全球化使得人才竞争日趋激烈，培养具有创新精神和实践能力的人才是国家和民族的发展需要。这一时期的大学生科技创新活动发展顺应时势，逐渐进入到系统化、规范化发展阶段，成为人才培养模式中的重要环节。各高校从人才培养的高度，纷纷制定大学生科技创新活动实施意见。大学生科技创新活动成为培养创新意识、创新思维、创新精神和实践能力，培养学术研究和探索能力，培养学生严谨的科学态度、团结合作的团队精神和踏实的工作作风，促进教师的教学和科研有机结合，增强师生交流，搭建课内外相结合、第一课堂与第二课堂相结合、学习与实践相结合的活动平台。学校根据不同阶段和不同层次的学生成长需要，广泛开展校园科技活动、社会实践以及其他第二课堂活动，以成果展览、科技报告会等形式，营造浓厚的校园科技创新氛围，鼓励学生参加老师科研课题，催化、孵化、转化学生科技成果，推动大学生科技创新素质的全面提高。有的学校将科技创新与就业指导相结合，根据就业形式和市场需求，对学生科技创新素质的具体方法和途径提出合理化建议，帮助学生建立成长目标，引导学生有意识、有选择地参加科技创新活动。另外，学校还积极推动社会对大学生科技创新素质拓展及其评价体系的认同，在评优创先、就业推荐、求学深造等方面制定配套政策。为了完善科技创新人才培养体系，有的学校还开设了《创新与设计》《创新创业》等任选课，把培养学生的科学精神和创新精神落实到具体的教学过程中。

党的十八大以来，党中央、国务院作出了走中国特色新型工业化道路、建设创新型国家、建设人才强国等一系列重大战略部署，这对高等教育改革发展提出了迫切要求。高等教育作为科技第一生产力和人才第一资源的重要结合点，努力培养大量的创新型人才，为国家创新驱动发展提供人才支撑。大学生科技创新活动逐步发展成一个复杂的系统工程，学生、高校、政府、社会等各方面都在参与支持，各高校逐步完善大学生科技创新活动机制。学校从顶层设计层面，成立大学生科技创新活动领导小组，全面统筹管理大学生科技创新工作，从人、财、物等多方面支持大学生科技创新活动发展。大学生在校期间可参加的科技创新活动越来越丰富，科技创新活动呈现出层次多、类别多、涉及不同行业的特点，学生参与途径广泛。科技创新竞赛从专业走向行业，从校内走向校外，从国内走向国际。科技竞赛项目数量呈现急剧增长，全国三维数字化创新设计大赛、全国大学生先进图形技能与创新大赛、全国大学生节能减排社会实践与科技竞赛、全国大学生工程训练综合能力竞赛、全国大学生机器人大赛、全国计算机仿真大赛等出现喷井趋势。

教育部开展"卓越工程师教育培养计划"项目，提出行业领域人才培养需求，指导高校和企业在行业领域实施卓越计划。项目支持不同类型高校参与卓越计划，高校在工程型人才培养类型上各有侧重。行业企业深度参与培养过程，学校按照通用标准和行业标准培养工程人才，从教学科研等各领域强化培养学生的工程能力和创新能力。各高校在学习国内外先进经验的同时，加强与国内外优秀企业的产学研合作，确定一些高水平企业联合培养单位，成立联合培养体，建立培养基地。大学生科技创新活动平台进一步扩展。学校利用暑假或者单独的一学期将优秀大学生送至企业。学生以员工身份获取工作任务，依托专业知识完成工作内容，并向企业技术人员学习，以丰富实践经验，提高科技创新能力。各高校完善校企协同机制，注重科技创新成果的转化，在大学生科技创新活动中开展校企合作，融入企业元素，为大学生科技创新开拓更广阔的平台。

第四节　美国斯坦福大学科技创新教育经验分析

美国强大的经济实力背后有着强大的科技实力。据经济合作与发展组织（OECD）专家统计，1929～1941年，美国科技进步对经济增长的贡献率达到了33.8%；到了20世纪80年代，美国的科技贡献率高达80%。据统计，在美国的硅谷，集中了7000多家高新技术公司总部，世界上最大的100家高新技术公司中就有20家，如惠普、微软、英特尔等。这背后缘于斯坦福大学的科技创新教育，斯坦福大学"产、学、研"一体化的科技创新理念和办学模式，对于硅谷的发展起到了重要的推动作用。斯坦福大学科技创新教育经验，归纳起来有以下四点：

一、植入创新创业文化理念，积极支持师生共同创业

斯坦福大学向大学生灌输创新创业的文化理念，鼓励毕业生以创业形式就业，使学生认为"不仅冒险是光荣的，失败也被社会所接受。白手起家时，没有任何年龄、地位或社会阶层的限制，就算经营失败，也不必感到尴尬和惭愧。实际上，正是那些曾经失败，甚至几经失败但后来又获得成功的人，在硅谷被人们广为传颂"[①]。正是斯坦福大学这种创新创业文化理念的植入，斯坦福大学每年会吸引很多想自主创业的毕业生。以2013届斯坦福大学MBA项目毕业生为例，选择自主创业的学生高达18%，比20世纪90年代末期的12%又有大幅增长[②]。

同时，斯坦福大学积极支持师生共同创业。1975年，斯坦福大学就针对学术性教员（包括从事学术活动的教师、研究员和图书馆工作人员）出台了《关于学术性教职人员的责任冲突与利益冲突的政策》，从研究和教学任务并重的角度制定并约束了教师从事校外经济事务时所享有的政策和行为。该政策既鼓励教师参与创业，又约束了教师的利己动机，保障了教学质量。许多教师除了教学还在实业界或者政府部门担任顾问，甚至直接创业，多渠道、多方式寻找课题进行合作研究，鼓励学生发明创造，鼓励师生共同创业，并对有潜力的团队加以扶持。1912年的联邦电报公司（FTC），就是斯坦福大学毕业生在斯坦福大学校长乔丹（Jordan）和工程系主任迈克斯（Marx）帮助下创办并完成的。

二、成立"高科技工业园"，形成"产、学、研"一体化

为了促进教师将教学、科研与工业、社会的紧密结合，将学校的研究成果更好地服务社会，斯坦福大学在1951年将学校闲置的655英亩土地以优惠的条件租赁给了一些电子公司，自此也创建了全球第一座高科技工业园区。随着工业园区向外扩张，逐渐形成了现在的"硅谷"。硅谷的成功也促使斯坦福大学一跃而成世界著名大学，斯坦福大学自此也形成了"产、学、研"一体化的教育新模式。"硅谷"的成功也为斯坦福大学的科研和学科建设提供了良好的经费支持，在这种良性循环

[①]　安纳利. 萨克森宁. 硅谷优势［M］. 曹蓬，杨宇光，等，译. 上海：上海远东出版社，1999：32.

[②]　赵怡雯. 创业孵化器之战［N］. 国际金融报，2014-04-21.

下，更多的新思想、新技术、新企业被输送到园区中来。斯坦福大学逐步成为孕育新思想、新技术、新企业的摇篮，硅谷则为新企业的孵化提供便利、可靠、适宜的环境。在创新创业与教学的互动下，斯坦福大学"产、学、研"一体化的办学特点促成了"学术—技术—生产力"办学宗旨，也实现了大学教育用以发展和提高生产力的目标。

三、成立"技术授权办公室"，明确学校与企业责任

斯坦福大学坚持学以致用的办学理念，鼓励师生将各种发明专利化、商业化、市场化。由斯坦福大学首创的"技术授权办公室"（Office of Technology Licensing）模式，是当代美国大学技术转移的标准模式。通过对技术授权的方式，保证先进的科研项目与技术发明尽快转变为现实经济效益，并通过明确的知识产权界定与授权收入界定，来强化企业的责任，调动师生创新创业的积极性，为其高风险、高回报提供政策支持。同时，通过明确学校与企业的责任，也巩固了学校的办学特色和办学优势，进而吸引更多的师生关注、参与创新创业的过程。

四、多渠道培养和招揽人才，提升教师队伍创新创业素质

斯坦福大学坚持开放式办学的特点，鼓励教师和学生自由选择研究问题，不仅通过产、学、研一体的多方互动，不断培养教师的创新创业能力，而且还注重多学科之间、教学与科研之间、教学与企业之间的多方互动。斯坦福大学在鼓励学校内部研究人员的科研成果商业化的同时，也为企业提供不同层次的教育培训，为企业培养大量的高科技人才，同时也吸收企业中尖端的技术人员进入高校，为学校创新创业型师资储备力量，在企业效益不断扩大的同时，达成大学教育社会化效益的提升。

第二章

影响大学生科技创新能力的因素

科技创新教育是教育方向的细化，是素质教育的具体化表现。影响大学生科技创新能力的因素是多方面的，产生的原因也是多种多样的，主要受教师、学生、学校、社会四大教育因素的影响。单纯考虑某一方面的因素所做的研究都是不全面、不科学的。只有融合了这几方面的特点，进行深入研究，才能符合科技创新教育发展规律，才能对创新人才培养产生促进作用。

第一节　教师因素

教师是受社会委托，在教育机构中对学生的身心施加特定影响的专门人员。在科技创新教育中，教师应该具备科技创新所要求的知识结构，这包括教师不仅要通晓自己所教授的学科和专业知识，而且要具有较强的创新实践能力。在这种知识背景下，教师教授创新创业课程才有实际借鉴意义。教师的科技创新能力受专业背景、实践教学资源、实践能力培训教育、实践教学意识等因素影响。

一、创新素养

创新素养是教师专业素质的重要组成部分，它是以教师的一般专业素质为基础，以创新思维和方法为核心的综合素质。教师的创新素养主要体现在对自身的超越与突破，具体表现在教师的教学和科研上。创新素养是教师走上专业发展之路，成为教育教学的学习者、研究者、发展者、创新者的重要素养。高校教师大多是从学校硕士、博士毕业后直接到学校任教，没有进行过严格的、系统的创新思维、技能等素养的培训。教师更注重教学内容的任务性传授，容易忽视创新素养的培植。而且目前高校创新创业课程的师资多是出自高校经管学院的专业教师或学工系统的辅导员，这些教师多是毕业后直接进入高校工作，未经历创新实践能力培养环节，更不了解创业市场运营的真实状况和境遇。这种状态会造成理论与实践的脱节，导致学生对于创新创业的概念不形象、不清晰。

创新素养的培植是隐性的，它润物细无声般渗透于教师的学习、生活、工作各个方面。具有创新素养的教师，其思维方式和行为构成都会潜移默化地显示出其创新的一面，无声地融入整个教育教学与科研过程，春风化雨般影响到周围的同事和学生，营造创新文化氛围；缺少创新素养的教师，其思维方式容易固化，容易拘泥于教材内容，不容易接受新鲜事物，难以活化学生创造性思维，更不允许创造风险与创新并存的环境，抑制了学生对知识产生思索的空间。守旧的模式下培养出来的学生也缺少创新素养。因此创新素养的表征又是显性的，其影响效果广泛。

二、创新行为

创新行为是指高校教师将与教学科研工作改进相关的新想法，努力付诸行动、应用于教学环节、科研环节，促进学生创新能力提升的活动或行为。教师的创新行为受教师内生态度和外生态度两个维度的影响。内生态度是指由于教师个体的个性、爱好等内部特质导致其对于创新行为的评价倾向。外生态度是指独立于教师个体之外的因素刺激导致其对创新行为的评价。一般来说，教师的个人兴趣、愉悦感、满足感等内在因素驱动时，会表现出更多的创造性。具有创新行为的教师，不受一般逻辑思维的束缚，容易突破传统思考模式，产生具有创新型的教学科研成果。通过一些研究实例发现，一些遵从传统与权威、讲究逻辑的解决问题方式的教师，创新行为相对偏少；而偏爱变化、坚持独创、相信直觉的认知方式的教师，容易独辟蹊径，产生创新行为。

另外，教师从事创新教学或科研，需要实践教学资源，包括实验室、实验员和相关规章制度。实践教学资源是学校培养学生实践动手能力，进而培植创新技能，提升创新能力的基础。实践教学资源是否充实也会影响教师的创新教学或科研行为。由于办学规模的快速扩展，有些院校的实验室、实训中心、实习基地建设相对滞后，限制了创新实践教学活动的开展，也使得教师因缺少创新教学科研平台，不能有效利用和提高实践创新能力。

三、创新评价

教师评价是教师开展创新教育的风向标。对教师创新教育素质的评价，需要采取多种方法搜集评价资料，对教师个人的创新教育资格、能力及表现进行有效的价值判断。这个评价旨在促进教师职业道德在内的创新素养和专业水平的提高，建立有利于实施科技创新教育，发挥教师创新潜能的评价体系。通过评价可以调动教师工作积极性，使其能够全力以赴、聚精会神致力于教育教学工作，提高工作热情和工作能力，创造性、高水平、高质量地完成本职工作。这具体包括对教师创新素质、创新行为、创新成果的评价。创新素质和创新教学行为均已经在上文中体现。创新成果是教师在教学科学等领域取得的新思想和新的教育模式。借助创新评价，可以进一步提高教师的创新素养、创新行为的水平，以及促进教师创新成果的产生。创新素养教育评价强调促进教师的专业发展，提高教育质量，使每一位教师都能在评价中走上教育创新之路。

第二节　学生因素

学生是教育过程中接受教育影响的人。学生在接受教育影响的过程中，具有独特的创造价值和发展的潜在可能。在创新创业教育中，学生独特的创造价值和发展潜能将被激发，这不仅是创新创业教育的过程，也是创新创业教育成果呈现的过程。这个过程要求教师不仅要做好"传道授业解惑"，更要做好创新思想的引导，保护好学生创造价值的发挥，促成创新成果的呈现。这个过程需要师生进行良好的配合，学生在教师博深的专业知识的引导下，大胆创新，促进新理念、新技术的形成，使大学真正成为孕育新思想、新技术的摇篮。

一、学习目标

学习的目的是为了提高人的能力或者素质，包括技能和品质。大学生的学习不仅包括专业知识和技能，还包括道德品质和科学素养。大学生学习的目的不仅要适应未来社会发展，而且要运用所学改造世界，引领未来社会发展。归根结底大学生学习的目的是为了创新。新时代是信息化迅猛发展的时代，信息技术的飞速发展使得以记忆为主的学习重要性在降低，知识更新速度加快，每个人需要具有一定的自学能力、学习迁移能力、创新能力，不断地学习，增加知识储备和创新素养。创新能力成为新时代对大学生素质提出的基本要求。一个没有创新能力的人走向社会，很难满足社会对人才的需求。而有创新贡献的科学家，往往都是博学的人。知识越丰富，产生设想的可能性越大。因此大学生要确定好学习目标，做好学习规划，扩展知识面，增加知识能量，为创新能力提升提供必要的产床；同时学习目标中要纳入创新思维和创新技能培养，积极参与科技创新活动、发明创造等实践，多途径、多角度地增加对知识更新和获取新知识、新经验、新能力等方法的了解，强化自己的创新意识，激发创新动力，努力培养和提高创新能力。

二、学习态度

学生取得学习进步、取得创新成果的先决条件是积极的学习态度。积极的学习态度受浓厚的求知欲、远大的理想、坚强的意志、良好的习惯等多因素影响。具有浓烈的求知欲是树立积极的学习态度的重要条件。学生如果把学习知识、攻克难题、掌握实践技能、获得创新成果等视为极大的乐趣，就会对学习产生浓厚的兴趣和欲望，这种兴趣和欲望不是自发产生的，而是在创新学习、课外活动及社会实践中逐渐形成的，是受外界环境影响而培育的。远大的理想是激励人积极进取的内部因素。大学时期正是树立远大理想抱负的重要时期，需要引导他们将远大的理想与当前的学习紧密相连，帮助他们树立人生目标，拥有积极的学习态度，为实现自己的奋斗目标创造有利条件。

创新学习的态度还受强烈的学习责任感影响。大学生应当把学习看成是一种理应承担的社会责任，肩负着国家和民族创新发展的重任，应该以对国家、对民族、对社会、对家庭、对自己负责的态度对待学习，把时代对创新发展的诉求转化为自身学习的需要。这需要学生端正创新学习的态度，热爱知识、热爱专业、热爱集体、热爱祖国，为中华崛起而读书，为现代化建设而学习。坚强的意志、顽强的毅力，是创造性发现需要具备的重要品质。意志可以使学生对待学习的态度更加积极，更加持久，甚至遇到挫折和困难时，也不减弱或消失。所以培养大学生坚强的意志，不断向杰出人物学习，锻炼意志品质，是取得创造性发展的重要因素。积极的学习态度还需要良好的学习习惯，才能将其转化为实际行动，取得良好成绩，反之，良好的成绩又会巩固积极的学习态度。为此，大学生要养成独立思考、按时预习复习、勇于实践、敢于创新等良好的学习习惯。

三、学习方法

学贵有方，学思结合是最基本的学习方法。首先，学习要有独立思考的精神，需要以批判的眼光筛选所要学习的内容，侦辨学习到的内容，如果学习时不加思考，就有可能上当受骗。孟子云："尽信书，则不如无书。"就是这个道理。只学习不思考就会受骗，只空想不学习就会很危险。其次，要温故知新，按照学习层次层层深入。知识获得后需要反复学习，在不断学习旧知识的过程中感悟出新的东西，做到推陈出新，这是创新的一种基本方法。学习最忌浅尝辄止，对于重要的东西，要学深悟透，掌握其基本规律。在学习精力有限的情况下，要做好分层，对于片段化、零碎性、浅层的知识，可以以获取基础知识为目标，不必花费太多时间和精力；对于某些教材、专著学习，以求理解所阐释的原理、把握其理论体系的学习，需要在专项研究的同时，注意与百家之言作比较研究，鉴别所学知识的真假，突破一家之言的局限，开拓创新，走出书本看世界；对于探求某一领域、某一行业的知识体系的立场、观点、方法等的学习，需要在学习知识、知识体系的过程中，从中揣摩他们观察问题、分析问题、判断问题时所持的世界观和方法论，在学习中，能够做到"取其精华，去其糟粕"，这种学习既是对科学理论的深入理解，又是对自己立场、观点、方法的重塑，不断深入认识和改造客观世界与自己主观世界的实践活动，开展动态学习，为理论创新和实践创新奠定基础。

第三节　学校因素

学校是教育人、培养人的主阵地，拥有完整的教学设施和教学组织机构，是开展教育活动的必备条件，也是培育学生的主要场所。大学生学习的绝大部分时间是在校园中度过的，学校教育环境的优劣对学生心理和行为养成具有潜移默化的作用。学校教育的基本支撑构件由"课堂教学+环境熏陶+实践养成"三个部分有机组成。科技创新教育也不例外，也是依托这三个方面开展工作。其中的"课堂教学"不仅囊括基本教学环节，还包括教学制度管理、学术氛围营造等方面。"环境熏陶"的主体就是学校的文化环境，载体是一系列具有明确主体、内容健康向上、形式生动活泼、能起到正面导向的科技创新活动。"实践养成"是学生经过反复实践练习形成的创新思维和创新行为。三者之间相辅相成、相互影响。"课堂教学"滋养环境，"环境熏陶"促进"实践养成"，"实践养成"提升课堂教学质量。而"课堂教学"和"实践养成"两个环节不同程度地有着校园文化的渗透作用。如可以彰显"课堂教学"中教师严谨治学、严管厚爱的道德风范，科学研究中求真务实的探索精神，而优良的校风学风对"实践养成"具有润物细无声的感染力和渗透力。

一、学校的文化环境

校园环境及其蕴含的文化内涵无时无刻不发挥着育人作用。大学校园文化是影响大学生科技创新能力的深层次因素，是科技创新的前沿阵地。良好校园文化氛围对于学校师生犹如鸟栖巢般自然，独特的创新文化会为大学生营造一个良好的创新学习空间。大学生科技创新需要创设一个相对宽松、开放、和谐、有序的教育环境，从科学性和实践性出发，调整、充实和完善各项规章制度，建设积极向上的健康环境。校园创新文化建设是在校园文化建设中注入创新的内涵，努力营造具有时代特色，实践创新办学理念，建立创新制度文化，营造创新氛围，优化创新环境，培养创新人才。

（一）弘扬主旋律，坚持正确性

高校是社会主义精神文明建设的重要阵地。社会主义精神文明建设的根本任务和目标是适应社会主义现代化建设的需要，培养有理想、有道德、有文化、有纪律的社会主义新人，提高中华民族的思想道德水平和科学文化素质。高校作为21世纪人才培养的重要阵地，肩负着培养优秀科学研究人才、高层次科技应用人才和管理人才的重任。校园文化建设定位要向精神文明建设需求看齐，发挥校园文化环境在"环境熏陶"育人环节中的主体作用，弘扬主旋律，坚持社会主义核心价值观对校园文化建设的正确引领，在继承中创新，凝练大学精神，弘扬优良的办学文化传统，保证校园文化建设的先进性和科学性。坚持以科学的理论武装人，以正确的舆论引导人，以高尚的情操塑造人，以优秀的作品感染人，不断提高大学生坚定的政治立场和明辨是非的判断能力，激发大学生的爱国热情，培养创新精神，自觉地为国家富强、人民幸福、个人的全面自由发展积极开拓、不懈努力。

（二）强调主体性，注重大众性

学生是校园中数量众多的群体，是教育的主要承受者和对象，在教育中处于主体地位。学生的主导性只有通过学生的主观能动性才能表现出来，学生在参与校园文化活动中能够体现出自己的智慧、意志、能力及特长。在校园文化建设中，必须搭建各种平台，促进大学生根据兴趣爱好、志向追求等因素自发学习，创造性表达，强化大学生是校园文化建设的直接实施者和校园文化创新的积极推动者，更是校园文化建设的最大受益者，充分发挥学生的主体作用。同时，在参与主体上，注重大众性。大众教育是以全体学生为教育对象，尊重每位学生的主体性和个体差异性，促进每位学生的全面发展。校园文化活动要面向全体学生，避免以选拔性为杠杆，忽视"弱势"学生展现自身才华的现象，为大众学生提供展示平台，保护其自尊心、自信心。在组织文化娱乐性活动时，注重专业与非专业性的融合，在兼顾科技性和学术性文化活动的同时，兼顾普通学生创新天分的激发与展示。注重学生的分层分类培养，因材施教，在兼顾大众化教育的同时尊重个性化学生发展与创新精神培养。往往个性化较强的学生在某些方面有着独特的思考，这些独特的思考如果培养得当，将会激发出潜在的智慧与力量。

（三）创新文化活动，提升文化品位

校园文化具有潜移默化的教育功能，对学生的健康成长具有积极重要的作用，为创新人才培养搭建平台。校园文化建设情况直接影响创新人才培养质量。创

新校园文化活动是培养创新人才的必要之举。

首先，要融入创新理念。校园文化建设要在继承中发展，在发展中求新意、求精品，不断拓宽活动主题，丰富活动形式，与时代文化相融合，积极开展反映时代气息、丰富多彩、品味高雅的校园文化活动，使校园文化建设实现传统与现代的有机融合。其次，要创新内容。把第一课堂与第二课堂有机融合，互相渗透、互相补充，共同完善，成立学生科技社团和科研小组，强化实践技能训练，广泛开展学科科技竞赛，鼓励学生参与教师科研项目，培养创新意识和思维，锻炼创新能力，弘扬创新精神。把校园文化建设与学生日常管理有机融合，注重学生人文素质、研究能力、社会活动的提高，举办丰富多彩、形式多样、品位高雅的校园文化活动。最后，是创新方式。校园景观建设中植入科技元素，注重专业与艺术、科技与人文、主题教育与课程思政的有机结合，创新校园景观表达方式，丰富校园景观内涵，强化环境育人理念，激发学生的创造力和想象力。注意挖掘企业潜能，用足用好校友资源，力争把校园文化建设的触角延伸到校外，建立社会实践基地，与企业、政府"联姻"，形成校园与社会良好的互动网络。

二、学校的教学、科研和学术环境

（一）课堂教学

学起于思，思源于疑，疑出于问。早在20世纪30年代，陶行知先生就曾指出："创造始于问题"。有了问题，才会思考，有了思考才会去寻找解决问题的路径。课堂教学对于大学生科技创新能力的培养具有至关重要的作用。在问题驱动的课堂下，教师的教学以激发学生的问题意识，加深问题的深度，探究解决问题的方法，形成解决问题的独特见解。虽然有问题不一定能有创造，但没问题一定没有创造。教师在课堂教学中创设的良好教学环境和氛围以及精心设置的问题情境，可以有计划、有针对性地引发学生深入思考，激发学生主动参与研究。疑起源于思，不思考是不可能产生疑问的；反之，疑又可以促进思，善于质疑，才能积极思考，才会打开新思路，探求问题的本源。这个过程是学生自我探索的过程，是有效学习、吸收和内化新知识的过程。学生在解决新问题过程中会表现出来创新思维和实践技能。这些思维和技能反过来提升课堂教学质量，收到事半功倍的效果。因此，作为培养大学生科技创新能力的前沿阵地，课堂教学要以问题为驱动，注重课堂教学学习的有效性，增加课堂有效互动和启发性思考，鼓励学生积极主动的学习，将获得知识与实践技能的学习过程与学会学习和形成创新能力的过程相统一。

（二）学术环境

良好的学术环境是激发科技创新活力、产生科技创新成果、培养优秀创新人才的重要基础。创新成果的产生需要活跃的学术思想，思想的活跃依赖于优良的学术环境、宽松的科研氛围。大学生是发挥创造力最为活跃、精力最为充沛的年龄阶段。所以高校学术氛围的营造直接影响着国家未来科技人才培养的质量。高校学术环境的基本内涵包括学术氛围、学术教育和学术惩戒。学术氛围指的是以师生为主体开展科研活动和学术活动的人造气候。大学生作为一支精力充沛、思维敏捷、创造力强的科研力量，应当积极参与科研活动，大胆探索，勇于挑战权威。学校要创造条件，鼓励大学生参与到老师的科研项目中，鼓励老师指导学生的科研项目。学校要注重学术氛围营造，组织多种多样的课外科技活动、学术报告会等，为学生提供施展才华的学术舞台，创设刻苦钻研、互相切磋的学术氛围。浓厚的学术氛围有利于激发学生实践创新、探索未知、追求真理的兴趣，有利于学生了解科研的步骤、方法、规律。大学之间的区别之根本所在，就是内在的学术传统和学术理念。学术教育是指通过各种教育形式，加强学生学术规范和学术诚信教育，倡导尊重学术、崇尚严谨、追求真理的良好风尚，恪守学术规范和纪律，规范师生学术活动，维护学术诚信，提升学术素养和能力。让学生在学术研究、学术协作、论文署名、评奖申报等过程中，尊重知识产权和学术伦理，在有序的学术积累中进行学术创新。学术惩戒是指高校对违反学术规范的教师和学生所采取的惩罚措施。健全科学道德建设的校内治理体系，保障学术委员会有效发挥作用，明确校学术委员会是学校实施学术规范、认定学术违规行为的最高机构。对学生来说，还包括对考试作弊等违纪行为的处理办法。[①] 全方位保障大学生科研创新的正确导引。

（三）科研政策

科研政策是引导、鼓励和规范学校科技创新活动的学校措施和行为，是塑造大

---

① 陶国富，王祥兴. 大学生创新心理［M］. 上海：立信会计出版社，2006：74-77.

学创新环境、激发大学生创新活力的重要手段。高校应该高度重视和不断完善科技创新的政策环境，学习借鉴国内外高校先进经验，深化教育体制改革、提升校园创新活力。加大科技创新投入，培养汇聚高水平师资队伍，不断丰富创新要素。加强创新平台建设，构建基于优势学科服务社会，具有学校特色的科研创新平台。系统推进创新平台管理体制改革落地，不断加强创新平台内涵建设和开放共享。建立科研分类评价标准和评价方法。优化分类评价与动态激励体系，充分释放国家和北京科技创新相关政策红利，全面提高奖励力度，结合标志性重大成果质量、贡献、影响构建分类评价指标和激励体系。加大重大科研项目、重大科研奖励等标志性成果的激励力度，推动标志性成果规模稳步扩大；完善社会服务能力评价指标与激励体系，实行重大社会服务类项目与纵向项目的科研评价互认制度；部分科技成果奖励放权至二级学院、研究院（所），充分调动基层单位的科研创新活力，在全校范围内营造良好的科研创业组织生态。

第四节　社会因素

一、创新社会的发展需要

（一）适应社会变革需求，更好应对未来

我们正处于信息革命的时代潮流中，社会的发展要求每个人成为更高层次的"终身学习者""自主选择学习者"。为了适应社会发展的瞬息变化，面对未来的不确定性，我们需要紧跟时代步伐，融入创新驱动的时代潮流。创新社会发展是将创新和社会需求进行有效结合，支撑和引领经济的可持续发展。创新社会需要创新个体、创新企业、创新链条的共同发展。

创新个体是指不仅具备知识和技能，而且具有创新思维、自主学习能力较强、实践技能过硬，知识迁移能力和创新能力较强的高层次人才。只有这样的人才才能快节奏学习新鲜事物，分析理解新情境，能够准确捕捉到瞬息变化的市场需求，做一个学习能力较强的求知者。这样才能紧跟时代步伐，融入时代潮流，在新

的时代背景下审视我们的生活、学习和工作。

创新企业是市场竞争的主体，是以产品和服务创新满足社会创新需求的市场微观主体。创新企业符合一般企业的特点，都受利益最大化的驱动。与此同时，创新企业还能够敏锐地把握社会需求，不断追踪、把握需求的变化，不断满足变化需要，革新技术，优化体制机制，引领社会需求变化的需要。创新企业由若干个创新个体组成，体现着创新个体的集体智慧和价值追求。

创新链条是指以某一个创新为核心主体，以满足市场需求为导向，通过知识创新活动将相关的创新参与主体连接起来，以实现知识的经济化过程与创新系统优化目标的功能链节结构模式。创新链条基本包括要素整合、研发创造、商品化、社会效用化四个环节。要素整合这一环节主要就是创新个体、创新企业的整合，主要是培养、调动及整合人员、资金、设备、信息和知识储备等各创新要素，形成成套的科研力量乃至体系。[①]

综上，创新个体是创新社会的基础单元，为了培养创新人才，满足创新社会发展需求，大学要注重大学生科技创新能力的培养，促使学生更好地进行终身学习和自主选择学习，培养适应社会发展的具有个性的创新型人才。

（二）创新是实体经济发展的基石

实体经济是国家经济发展的主体，创新是引领实体经济发展的第一动力。发展实体经济，重点在制造业，难点也在制造业。制造业是实体经济的主体，是技术创新的主战场，是供给侧结构性改革的重要领域。当前，全球经济发展进入深度调整期，数字经济、共享经济、智能建造等正在冲击与重塑传统实体经济业态，全球制造业发展面临重构竞争优势的关键节点。这要求我国制造业尽快提质转型升级。以创新驱动引领企业发展，在技术创新方面，尤其是在核心技术竞争力方面，企业创新能力饱满就能取得突破性创新成果，增加实体企业原创性研发，提升整个社会的首创意识。创新决定着企业的市场拓展能力、成本水平和技术水平，可以促进企业组织形式变革、经营模式改善、管理效率提高，对于企业健康发展和我国实体经济由大变强具有重要意义。企业的创新发展不仅可以提高生产率，而且还可以改变

---

① 赫运涛，吕先志. 基于公共服务的科技资源开放共享机制理论及实证研究［M］. 北京：科学技术文献出版社，2017：117-118.

人民生产生活方式，提升生活质量，引领社会发展。应对新一轮科技革命和产业变革、打造国际竞争新优势，需要不断推出创新产品和服务，推动实体经济转型升级、加快发展。这是适应把握引领经济发展新常态、加快新旧动能接续转换的重大举措，更是全面建成小康社会，实现"两个一百年"奋斗目标的必然要求。

（三）创新是一种人才集聚效应

创新是中国经济发展的新引擎和内生因素。创新氛围会呈现出知识的不断涌入、集中和流通，这种氛围下的人们会产生集体学习效应，提升学习效率，提高问题解决和团结协作的能力，发挥出"1+1>2"的作用，产生创新人才集聚效应。这个过程也是创新人才彼此沟通、协作、共享和共生中产生分工协作关系，降低知识交易成本，能够实现知识获取、吸收、整合、创新与应用，产生系统协同创新效应。人才集聚分为两个阶段，即初级阶段和高级阶段，也是人才集聚从量变到质变的发展过程。其中初级阶段以量变为主，表现为人才集聚现象，而高级阶段以集聚效应出现为标志。人才集聚效应一旦出现将产生信息共享效应、知识溢出效应、创新效应、集体学习效应、激励效应、时间效应、区域效应与规模效应等特征，带动知识创新与技术创新，最终促进生产力发展。

二、用人单位需求

由于大学生学习的主要目的是走向用人单位，为用人单位服务。因此，用人单位对大学毕业生的需求直接影响着大学的培养目标，引领着大学的培养方向。许多用人单位表示，希望毕业生有很强的实践能力和适应能力，上手快，最好是"拿"来就能用。敢于创新、勇于创新的大学生，是用人单位公认的首选人才，与此同时，用人单位也需要毕业生有严格的组织纪律观念。这对于大学毕业生而言，需要在大学期间就要有严明的组织纪律性，着力培养创新能力。

（一）用人单位的用人观念

"人尽其才，人为我用"是用人单位的基本准则。随着信息化的迅猛发展，人才的流动性更加频繁，许多用人单位也在跟着时代对信息化的新需求不断刷新着用人观念。在用人观念里，第一注重的是团队意识。在知识经济时代，人才固然可贵，但资源的相互共享才能谋求更大的利益。尤其是共享经济的今天，企业希望能够花费最少的成本，产出最大的效益。员工能够有团队意识，营造和谐融洽的团队氛围，是用人单位考核的重要内容。能够有效凝聚员工向心力，相互献计，共同成长也是一种生产力。一个坚强的团队不仅可以最快最有效地共享资源空间，而且更能提升品质，塑造品牌。第二，不拘一格降人才。用人单位招的是人才，但人才的概念不拘泥于学历。技术、管理、营销、策划……任何一方面的特长都能为用人单位有效服务。高学历只代表过去，不代表其一定能胜任工作。用人单位更倾向于招聘能够忠诚服务的实干家。第三，热爱学习。大学生在校期间的主要任务是学习基础知识和专业知识，以及掌握科学发展规律，但由于书本的滞后性，难免所学之物到工作岗位时，还要及时更新，不断迭代学习。用人单位随着信息市场的日新月异，加强各类学习培训，提升员工学习再造能力。用人单位更加青睐有较强自学能力和学习欲望的员工。第四，职酬匹配。用人单位希望员工职责能力与价值货币之间建立等价关系。从面试开始，用人单位就能从毕业生的谈吐气质和过往经历中，知道支付多少薪水。所以毕业生个人基本素质以及社会实践经历，决定着毕业生在用人单位眼中是否具备某些素质，这也决定着用人单位是否愿意支付相应的薪水。第五，内部提升。用人单位都重视内部提升，特别是中层管理，都有基层实践经历。用人单位在招聘时许诺的"良好发展空间"，很大程度上就是指的内部职位提升和薪酬增加。内部提升的工作人员，是经过基层到中层再到高层的履职经历，对企业情况更加了解，有利于工作的开展，同时由于获得了用人单位的更多信任和肯定，干劲十足，更加忠诚于企业发展。

（二）用人单位对毕业生的基本素质要求

用人单位的需求代表着国家经济发展对人才的需求。这种需求不再是过去那种社会分工很细的需求，而是具有基础坚实、扎实，知识面和综合能力宽广，素质优良的专业人才，换言之就是"T"字形人才，不仅精通自己的专业领域，还对其他领域有一定程度的了解，具有创新思维和综合能力。这种人才具有发散思维和洞察全局的能力，能够摆脱固有的思维模式，不是只局限于自己专业的"井底之蛙"。

根据用人单位的用人观念，用人单位希望毕业生具备以下四项基本素质、三项技能。四项基本素质，一是能够合理利用与支配各类资源的能力。合理分配时间，制定计划，掌握工作进度，能够制作经费预算，按照预算推进或及时调整工作内容，合理分配工作，与他人形成良好的协作关系。二是具有和谐的人际关系。毕业生走进企业，成为企业一员，势必要虚心向人求教，尽快学习，调整好状态，融入集体，与不同背景的人处理不同工作，形成融洽的企业氛围。用人单位鼓励员工在和谐的企业氛围中，与其他领域同事进行持续交流，阅读哲学、历史、艺术史等方面书籍，开展体育锻炼、才艺展演等活动，丰富自己的知识结构和生活，全方面发展，推进创新思维的交流与养成。三是精准获取利用信息。对信息有着敏感性，能够精准获取企业内外部的信息，并应用于自己的工作领域，是毕业生走向工作岗位，发挥主人翁精神的重要素养。四是综合分析能力。能够理解社会体系，辨别社会发展趋势，对现行体系提出修改建议或设计替代新体系。

三项技能，一是基本技能。包括自我学习能力，能够研判出知识更新方向，利用学习工具，检索出所要学习的内容，及时更新知识体系；知识迁移能力，能够运用学习方法，将所学知识灵活运用到所需领域，或者利用所掌握的事物发展规律，探寻事业发展规律；语言表达能力，能够系统地思考，并用文字语言和口头语言系统表达自己的想法。这些基本技能是用人单位挖掘人才潜力的基础。二是思维能力。包括创新思维，在获取新知识、新思维过程中能够将所学知识与新探知的领域相结合，创造性产生新思想、新方法、新成果。解决问题的能力，能够聚焦具体问题，运用技术手段或人际关系化解矛盾。三是优秀的品质。具有社会主义核心价值观所对应的优秀品质，譬如社会责任感、敬业精神、自信、自律、正直、诚实等。优秀的品质不仅是国家对人才培育的标杆，更是企业良好发展的土壤。没有一个企业愿意招聘那些与自己企业文化有冲突的人。毕业生的品质是用人单位的基本底线，对于道德感不强、责任感不足、组织忠诚感不强的人，是决不允许吸纳进企业的。

第三章

大学生科技创新能力培养平台

大学生科技创新能力培养需要平台支持。良好的科技创新平台是凝聚人才培养方向，汇聚创新型人才，开展高水平科学研究和培养创新型人才的重要基地。大学生科技创新能力的培养，受良好的创新环境的影响，需要第一课堂与第二课堂创新教育的协同，需要营造适应大学生成长成才的校园文化和学术氛围。本章立足大学生科技创新活动、社会实践活动、课堂教育三个视角，梳理了现有的建筑类专业大学生科技创新能力培养平台，为科技创新人才培养提供平台支撑。

第一节　大学生科技创新活动

大学生科技创新活动是指以学生个体学习兴趣为导向，以创新型科技项目为载体，以学生自主学习、教师指导相结合的方式，立足解决实际困难和社会问题，组织引导大学生通过对科技文化知识的学习、转化、运用和自主创造，培养其科技创新意识、创新精神和创新能力的教育科研实践活动，是高校培养具有创新精神和实践能力的高级专门人才的重要途径。[①]本节将大学生科技创新活动聚焦科技竞赛，将科技竞赛划分为基础类学科竞赛、建筑类专业科技竞赛、"挑战杯"综合科技竞

---

① 吴连臣，关呈俊. 大学生科技创新活动实践与探索：大连海洋大学大学生科技创新活动指导手册［M］. 杨凌：西北农林科技大学出版社，2016：1.

27

赛三个类别，通过细化不同竞赛的特点，分析竞赛创新培养视角，为学生科技创新能力培养提供指南。

一、基础类学科竞赛

（一）全国大学生英语竞赛

全国大学生英语竞赛是经教育部有关部门批准举办的全国性大学生英语综合能力竞赛活动。以2022年全国大学生英语竞赛为例，竞赛由英语外语教师协会和高等学校大学外语教学研究会联合主办，英语辅导报社、考试与评价杂志社承办。竞赛旨在配合教育部高等教育教学水平评估工作，贯彻落实教育部关于高等院校各类英语教学改革精神，促进大学生英语水平的全面提高，激发广大大学生学习英语的兴趣，鼓励英语学习成绩优秀的大学生。这项活动有利于学生夯实和扩展英语基础知识和基本技能，全面提高大学生英语综合运用能力。截至2022年6月，全国大学生英语竞赛已经举办24届。

竞赛分A、B、C、D四个类别，全国各高校的研究生、本科及专科所有年级学生均可自愿报名参赛。A类考试适用于研究生参加；B类考试适用于英语专业本科、专科学生参加；C类考试适用于非英语专业本科生参加；D类考试适用于体育类和艺术类本科生和非英语专业高职高专类学生参加。竞赛面向全国各高校各类学习英语的大学生，提倡"重在参与"的奥林匹克精神。竞赛在自愿报名参加的原则下，避免仅仅选拔"尖子"参加竞赛，而把大多数学生排除在竞赛之外的做法。竞赛分初赛和决赛，具体包括笔答和听力，决赛分两种方式，任选其一，第一种只参加笔试，第二种是参加笔试（含听力）和口试。各类考试的初赛和决赛赛题的命制将依据《非英语专业研究生英语教学大纲》《高等学校英语专业英语教学大纲》《大学英语课程要求（试行）》《高职高专教育英语课程教学基本要求》和2020年版《大学英语教学指南》等文件，借鉴国内外最新的测试理论和命题技术、方法，既要参考现行各种大学英语主要教材，又不依据任何一种教材；既贴近当代大学生的学习和生活，又要有利于检测出参赛大学生的实际英语水平。竞赛的初、决赛赛题注重信度和效度，内容上体现真实性、实用性、交流性和时代性。赛题既考查大学生的英语基础知识和基本技能，又侧重考查大学生的英语综合运用能力、阅读能力和智力水平。同时竞赛借鉴国内外英语测试新题型及测试方法，在保持题型相对稳定性和连续性的基础上有所创新。

大学英语竞赛可以调动学生学习英语的积极性，提升学习动力。学生通过竞赛前期准备到过程参与再到赛后反思总结，提高学习兴趣，提升英语的综合应用能力和思辨能力。大学英语教育从单纯的语言技能培养，提升到加强文化修养、锻炼逻辑思维和提高综合素质的培养。因此，把全国大学生英语竞赛作为创新能力培养和实践的平台，把竞赛中成功运用的教学经验及时推广到教学中，可以形成竞赛与教学的良性互动，达到以赛促学、以赛促教、以赛促研的教学目的，为创新人才培养架构良好平台。

（二）全国大学生数学竞赛

全国大学生数学竞赛，由中国数学会、数学竞赛委员会、全国大学生数学竞赛工作组共同举办。竞赛旨在加强基础学科教育、提升我国高校人才培养质量、促进高校数学课程建设并服务数学，增加大学生学习数学的兴趣，培养大学生分析问题、解决问题的能力，发现和选拔数学及复合型创新人才，为青年学子提供一个展示基础知识和思维能力的舞台。截至2022年6月，全国大学生数学竞赛已经举办13届。竞赛分数学专业组和非数学专业组。决赛试卷分为低年级组（大一及大二学生）和高年级组（大三及大四学生）。

"高等数学"作为大一阶段的学科基础课及研究生入学考试内容，对于理工科专业课程以及未来的科学研究具有重要意义。参加数学竞赛不仅可以夯实数学基础，更可以锻炼学生高度的抽象性和严密的逻辑能力。这些能力对于创新思维的影响至关重要。数学竞赛将高等数学和实际问题联系起来，让看起来"遥不可及""高高在上"的数学，能够落地，可以引导学生理论与实践相融合。通过竞赛，教师可以引导学生自主学习、学会思考，使学生在日常课堂学习、准备数学竞赛的过程中获得数学直觉和逻辑思维能力。同时，教师也会因为指导学生参加数学竞赛，优化教学方案，精心设计教案，以解决实际问题为导向，开展类比分析、专题研讨，打造精品课程，突出学生学习主体地位，提高教学效果，提高教师的创新能力。

（三）全国大学生数学建模竞赛

全国大学生数学建模竞赛是中国工业与应用数学学会主办的面向全国大学生的

群众性科技活动，旨在激励学生学习数学的积极性，提高学生建立数学模型和运用计算机技术解决实际问题的综合能力，鼓励广大学生踊跃参加课外科技活动，开拓知识面，培养创造精神及合作意识，推动大学数学教学体系、教学内容和方法的改革。该项竞赛自1992年举办以来，每年举办一次。

竞赛题目一般来源于科学与工程技术、人文与社会科学（含经济管理）等领域经过适当简化加工的实际问题，不要求参赛者预先掌握深入的专门知识，只需要学过高等学校的数学基础课程。题目有较大的灵活性供参赛者发挥其创造能力。赛题结构有三个基本内容组成：一是实际问题背景，竞赛题目涉及社会、经济、管理、生活、环境、自然现象、工程技术、现代科学中出现的新问题，紧扣实际。二是若干假设条件，一般有以下几种情况：只有过程、规则等定性假设，无具体定量数据；给出若干实测或统计数据；给出若干参数或图形；蕴含着某些动机、可发挥的补充假设条件，或参赛者可以根据自己收集或模拟产生数据。三是要求回答几个问题：包括有比较确定性的基本答案和更细致或更高层次的讨论结果，如讨论最有效方案的提法和结果等。①

参赛者应根据题目要求，完成一篇包括模型的假设、建立和求解、计算方法的设计和计算机实现、结果的分析和检验、模型的改进等方面的论文（即答卷）。其宗旨就是培养大学生用数学方法解决实际问题的意识和能力。竞赛评奖以假设的合理性、建模的创造性、结果的正确性和文字表述的清晰程度为主要标准。大学生以队为单位参赛，每队不超过3人，专业不限。竞赛属于开放式比赛，竞赛期间参赛队员可以使用各种图书资料（包括互联网上的公开资料）、计算机和软件，但每个参赛队必须独立完成赛题解答。

（四）中国大学生物理学术竞赛

中国大学生物理学术竞赛，是中国借鉴国际青年物理学家锦标赛的模式创办的全国赛事，比赛受到教育部支持，被列入中国物理学会物理教学指导委员会的工作计划，是实践国家创新驱动发展战略纲要和国家教育中长期发展规划纲要的重要大学生创新竞赛活动之一。截至2022年6月，中国大学生物理学术竞赛已经举办13届。

---

① 郑艳霞，邓艳娟. 数学实验［M］. 北京：中国经济出版社，2019：309-310.

　　国际青年物理学家锦标赛模式是由物理学家尤诺索夫（Evgeny Yunosov）于1979年最早提出的，最初被莫斯科大学用于选拔优秀学生。赛题都是贴近实际生活的开放性物理问题，在竞赛一年前公布，主要目的是训练学生针对实际物理问题进行合作研究、发表观点和进行辩论的能力，特别强调团队协作、开放思维和表达能力。由于在范围和理念上与国际物理奥林匹克竞赛有着显著区别，因此得到了各国物理教育学家广泛认可，并被推广到各国大学生的物理竞赛中。中国大学生物理学术竞赛运用这种竞赛模式，区别于我国高校传统的科研训练，对提高大学生的创新意识、创新能力、协作精神和实践能力有着积极的推动作用。

　　中国大学生物理学术竞赛是一项以团队对抗为形式的物理竞赛，它以协同创新为根本理念，旨在提高学生综合运用所学知识分析解决实际物理问题的能力，培养学生开放性思维。比赛题目新颖开放，不少问题源自《科学》《自然》这样的旗舰综合期刊，以及《物理评论快报》《现代物理评论》这样的物理学顶级杂志。参赛学生会针对这些实际物理问题的基本知识、理论分析、实验研究、结果讨论等进行辩论性比赛。竞赛不仅锻炼学生分析问题、解决问题的能力，培养科研素质，还能培养学生的创新意识、团队合作精神、交流表达能力、使学生的知识、能力和素质全面协调发展，同时注重加强青年学生之间的友谊和交流。有些高校将低年级本科生的科研训练课程和大学生物理实验课程与中国大学生物理学术竞赛有机结合，为创新型国家建设提供人才培养方面的有力支持。竞赛淡化锦标意识，侧重高校学子间的学术交流。赛场上团队之间各抒己见、友好讨论、展示风采、相互学习、共同提高。竞赛期间，主办方还邀请诺贝尔物理学奖得主、中国科学院院士在内的国内外著名物理学家进行学术报告，举办各类物理交流活动，增进物理学术交流。

（五）全国大学生化学竞赛

　　全国大学生化学实验邀请赛由教育部高等学校化学教育研究中心主办，是我国高等化学学科面向本科生进行的最高级别比赛。自1998年举办第一届赛事以来，每两年举办一次，已先后在南开大学等高校成功举办，赛事规模从最初的二十余所高校（70多名选手）参赛扩大到四十余所高校（120多名选手）参赛。截至2022年6月，全国大学生化学实验邀请赛已经举办12届。竞赛旨在检验我国高等学校化学实验教学改革的成果，加强交流，总结经验，推动化学实验教学模式、教学内容、教学方法的改革，探索培养创新型化学人才的思路、途径和方法。

竞赛内容由笔试和实验操作两个部分组成，笔试成绩占30%，着重考察选手对化学实验室安全知识、实验基础理论知识和实验规范的了解和掌握程度等。实验操作成绩占70%，全面考察选手在实验基本操作、实验安排和设计、实验现象的观察和记录、仪器的使用和数据的采集、分析和解决问题能力等多方面的实验室工作和研究能力。竞赛秉承"重参与、淡名次"的理念，只计选手个人总成绩和名次，不计参赛学校总成绩，不排学校名次。竞赛目的在于"展示、交流、总结"，竞赛期间，组委会会邀请中国科学院院士或知名教授为参赛选手讲授示范课，在授课中教师将融入自己及国内外最新科研成果和学科发展趋势，活化教学内容，培植科学意识，激发学生的学习兴趣与热情。

二、建筑类专业科技竞赛

（一）全国大学生结构设计竞赛

全国大学生结构设计竞赛是由国家教育部、住房和城乡建设部、中国土木工程学会联合主办，部分高校承办，赞助单位协办，是教育部确定的全国九大大学生学科竞赛之一。竞赛以建筑工程实例为问题模型，以工程结构为单元，对工程实践过程中的空间结构做受力分析、制作模型及加载试验，是培养大学生创新意识、合作精神和工程实践能力的学科性竞赛，为高等学校开展创新教育和实践教学改革、加强高校与企业之间联系、推动学科创新活动起到积极示范作用。竞赛原则上每年举办一次，竞赛时间一般安排在下半年。截至2022年6月，全国大学生结构设计竞赛已经举办14届。

目前"大土木、宽口径"的培养模式需要创新思维能力的技术人员。全国大学生结构设计竞赛恰好提供了这样的平台，提供了创新思想实施的对象与过程。学生通过成功实例创造新的结构体系，创作过程中从绘图、分析、制作到运用，需要土木工程、机械设计、新材料探索、拓扑优化、力学等方向的理论交叉，是多学科交叉融合的过程。各种方向的涉猎学习让学生们初步形成了跨学科知识融合的概念，对提高学生的创新意识和能力大有裨益。学生的创新意识、创新能力和个性能够得到充分发掘、施展。

（二）全国大学生节能减排社会实践与科技竞赛

全国大学生节能减排社会实践与科技竞赛是由教育部高等学校能源动力类专业教学指导委员会指导，全国大学生节能减排社会实践与科技竞赛委员会主办的学科竞赛。该竞赛充分体现了"节能减排、绿色能源"的主题，紧密围绕国家能源与环境政策，紧密结合国家重大需求，在教育部的直接领导和广大高校的积极协作下，起点高、规模大、精品多、覆盖面广，是一项具有导向性、示范性和群众性的全国大学生竞赛，得到了各省教育厅、各高校的高度重视。竞赛每年举办一次，原则上申报时间是1月份，竞赛时间为8月份。竞赛目的在于，通过竞赛进一步加强节能减排重要意义的宣传，增强大学生节能环保意识、科技创新意识和团队协作精神，扩大大学生科学视野，提高大学生创新设计能力、工程实践能力和社会调查能力。截至2022年6月，全国大学生节能减排社会实践与科技竞赛已经举办14届。

全国大学生节能减排社会实践与科技竞赛作品分为"社会实践调查"和"科技制作"两类，倡导学生深入社会调查，发现国家重大需求，启发创新思维，形成发明专利。作品类型多、专业性强、涵盖面广，涉及能源、机械、资源、建筑、电气、海洋、社会、经济、矿业等多个领域，不仅有关系到国民经济重大发展的能源生产问题，如海上风力发电平台，太阳能梯级开发热利用系统及生物质能利用系统等作品；也有贴近日常生活节水节电的小发明、小制作，如厨房节能小助手，新型节能开关电源，厨余堆肥机等；还有一些作品紧跟"节能减排"领域的学术研究前沿。这些都展示了当代大学生对生活的认真观察和对于人类社会发展的高度关注。竞赛专家委员会由包括两院院士、"973项目"首席科学家、长江学者、杰出青年获得者等130余位国内知名专家学者组成，每年还特邀一定数量的企业专家参与评选。

竞赛紧跟"节能减排"领域的学术研究前沿，竞赛期间组委会还会组织多种形式的学术交流活动，如：报告会、论坛、讲座、专家点评等，加强对节能减排活动的宣传。科技创新意识是竞赛评审的一项重要指标，竞赛从选题、设计制作、申报书写作，每个环节都由学生独立完成，自主查阅资料，拓宽思路。学生在参赛过程中，发挥主动思维意识，深入挖掘创造性思维能力。这个不断尝试、主动求索的过程，促使学生积极获取多学科课外知识，在学习中学会归纳分析，统观全局，培养学生的逻辑创新思维。参加竞赛的团队成员来自不同年级和专业，在作品申报创作过程中，学生需要针对说明书撰写、PPT制作、效果图绘制、动画及模型设计等大量工作，分工合作，各取所长，最大限度体现团队协作能力。竞赛鼓励学生在作品创作过程中大胆尝试新技术、新设备、新应用等，引领学生走创新轨道，激发学生的创造潜能。在竞赛中，学生还会经历作品答辩、现场讲解、作品展示等环节，学生要勇于竞争、敢于胜利。这个过程对学生的创新精神和人格魅力有极大培养，对学生以后的学习工作将产生重要影响。

（三）全国大学生房地产策划大赛

全国大学生房地产策划大赛由中国房地产业协会指导、中国建设教育协会主办、北京建筑大学发起。竞赛旨在搭建平台纽带，连接校企双方；提升创新思维，提高学生能力；掌握智能技术，增强综合技能；建立人才标准，助力行业发展。竞赛以房地产策划为方向，以数据分析与应用为特色，要求从房地产行业实际业务出发，对真实行业大数据资源进行深入理解、分析和应用，结合产业数字化转型要求，提出"智慧化"不动产行业解决方案。截至2022年6月，全国大学生房地产策划大赛已经举办13届。

全国大学生房地产策划大赛涉及房地产、市场营销、工程管理、工程造价等多知识领域。在竞赛中，学生将完成房地产投资分析、市场调研、可行性研究以及房地产项目定位、销售方案策划等一系列任务。这些任务囊括了建筑设计、城市规划、工程项目管理、成本核算、营销策划等多知识领域。这些知识体系的交融，促进了学生的针对性学习，调动了学生的专业学习兴趣，培养独立思考能力，为学生毕业后走上社会奠定良好的专业基础。竞赛项目由提供赞助的房地产企业和主办方联合决定，一般会选取实战地块或沙盘。学生对项目的前期调研加强了对专业认知，拓展了专业的深度和宽度。竞赛期间，组委会还邀请企业专业人员进行地块介绍、政策导向、模盘分析、实操策划等实践培训，邀请专业教师进行经济分析、营销策划、建筑设计等理论培训。理论与实践相结合的双向培训促进学生学与用的良好融合。学生通过撰写策划案、演讲等形式参加比赛。校企融合的竞赛模式为学生开辟新的就业渠道。决赛评委由专业教师、业界知名人士和企事业单位负责人共同组成，优秀作品将被吸纳为实操策划案，优秀人才将获得就业实习机会。企事业单位通过竞赛，选拔优秀人才、储备人才；参赛学生通过竞赛，了解专业和市场、扩展就业机会。深化"产教融合、校企合作"的竞赛机制，创新了高校人才培养机制，加强了数字化转型发展的人才储备，适应房地产业新理念、新思想、新战略，满足房地产业新知识、新模式、新业态对优秀创新人才的需要。

（四）全国高等学校大学生测绘技能大赛

全国高等学校大学生测绘技能大赛是由教育部高等学校测绘学科教学指导委员会、国家测绘地理信息局职业鉴定指导中心、中国测绘学会测绘教育委员会主办的大学生测绘技能竞赛，是高等学校测绘专业类的重要赛事。竞赛旨在为广大测绘专业大学生提供一个充分展示技术水平和操作能力的竞技舞台，培养学生外业数据采集及内业数据处理等方面的实践能力，提高学生利用高新技术解决生产实际问题的水平。同时，加强大学生与用人单位之间的交流，及时了解测绘科研部门和生产单位的人才需求，最大限度地拓宽大学生的就业渠道。截至2022年6月，全国高等学校大学生测绘技能大赛已经举办5届。

竞赛以《中级工程测量员国家职业标准》中的知识和技能要求为基础，适当增加新知识、新技术、新技能等相关内容。竞赛采取理论知识考试和实际操作考核相结合的方式，包括四等水准测量、一级电磁波测距导线和数字测图三项比赛内容。对理论知识考试和实际操作考核成绩均合格的参赛选手，将颁发工程测量员中级/四级国家职业资格证书；对取得优异成绩的参赛选手，将颁发工程测量员高级/三级国家职业资格证书。所以，竞赛可以检测学生的实践能力和基础知识的掌握水平，培养学生外业数据采集以及内业数据处理等方面的实践能力，提高大学生解决生产实践问题的综合能力。可以说，全国高等学校大学生测绘技能大赛是高校测绘工程专业实践教学效果的"质检站"与"指示器"。

学生通过参加竞赛，首先可以锻炼吃苦耐劳的优秀品质。对于外业项目来说，没有坚强的毅力和强健的体魄是无法坚持到底的。竞赛时，学生为了拼抢时间，需要争分夺秒，不顾艰辛，这是测绘从业人员需要具备的宝贵精神财富。其次，参加竞赛可以建设认真细致、精益求精的作风。测绘工作直接和各种数据打交道，测量人员既是数据的采集者，又是加工者，一个测站的失误就会导致整个项目的满盘皆输。只有认真细致、精益求精才能胜任测绘工作，才能谈的上未来的创新。最后，竞赛需要团队合作精神下的创新。虽然竞赛以基本功检测为主，但是外业作业也讲究方式方法，团队协作下可以激发团队成员的创新意识，他们可以通过统一和简化手语表达，精准获取数据，通过数据建模节省计算时间。这些为将来的就业奠定良好的基础。

（五）全国大学生机械创新设计大赛

全国大学生机械创新设计大赛经教育部高等教育司批准，全国大学生机械创新设计大赛组织委员会和教育部高等学校机械基础课程教学指导分委员会主办，中国工程科技知识中心、全国机械原理教学研究会、全国机械设计教学研究会、各省市金工研究会、北京中教仪人工智能科技有限公司联合高校和社会力量共同承办的一项全国理工科重要课外竞赛活动之一。竞赛旨在引导高等学校在教学中注重培养大学生的创新设计能力、综合设计能力与团队协作精神；加强对学生动手能力的培养和工程实践的训练，提高学生针对实际需求进行创新思维、机械设计和制作等实际工作能力；吸引、鼓励广大学生踊跃参加课外科技活动，为优秀人才脱颖而出创造条件。竞赛每两年举办一次。截至2022年6月，全国大学生机械创新设计大赛已经举办10届。

全国大学生机械创新设计大赛分三级赛事：高校选拔赛、赛区预赛、全国决赛三个阶段。竞赛题目采用自选式或命题式。竞赛设计的作品以机械为主，机电结合为辅，包括力学系列课程、机械设计基础系列课程、电工电子、计算机控制、程序设计系列课程等。竞赛发布到决赛要有一年多时间，学生从市场调研、方案构思到完成制作、参加预赛要有7～9个月时间。学生将参与产品设计的各个环节，如市场调研、作品方案设计、机械结构设计、控制电路设计、作品动手制作、设计整理以及作品的解释说明。很多参赛作品具有很强的推广应用前景。组委会组织机械行业专家对参赛作品进行评审，评选出具有较好创新性、较高科学水平、实际应用价值和现实意义的优秀作品并予以奖励，同时组织优秀作品展览、交流和科技成果转让洽谈，推动高校学生科技成果向现实生产力转化。竞赛期间，组委会组织学术交流活动，采取报告会、论坛、专家点评等各种形式，介绍学生创新设计成果和体会。竞赛是一项公益性的大学生科技活动，是促进高等学校机械学科的教学改革，加强教育与产业之间的联系，推进科学技术转化为生产力，促使更多青年学生投身我国机械设计与机械制作事业的一项学科创新的示范性科技活动。

（六）全国大学生电子设计竞赛

全国大学生电子设计竞赛由教育部高等教育司及工业和信息化部人事教育司共同主办，教育部高等教育司及工业和信息化部人事教育司共同负责领导全国范围内的大学生学科竞赛，是教育部倡导的四大学科竞赛之一。竞赛旨在推动高等学校促进信息与电子类学科课程体系和课程内容的改革，有助于高等学校实施素质教育，培养大学生的实践创新意识与基本能力、团队协作的人文精神和理论联系实际的学风；有助于学生工程实践素质的培养、提高学生针对实际问题进行电子设计制作的能力；有助于吸引、鼓励广大青年学生踊跃参加课外科技活动，为优秀人才的脱颖而出创造条件。竞赛原则上每两年举办一次，为期4天。竞赛以赛区为单位统一组织报名、竞赛、评审和评奖工作，鼓励设有信息与电子学科及相关专业或已开展电子设计科技活动的高等学校，积极组织学生参加全国大学生电子设计竞赛。竞赛的赞助由索尼公司独家赞助。截至2022年6月，全国大学生电子设计竞赛已经举办15届。

全国大学生电子设计竞赛组织运行模式为"政府主办、专家主导、学生主体、社会参与"。竞赛时间短、任务重，从拿到题目，进行整体设计、元器件及配件的采购、电路制作与安装、系统调试、仿真、数据测量与分析，到写设计报告材料等前后一共4天。竞赛行程饱满，内容既有理论设计，又有实际制作，全面检验和加强参赛学生的理论基础和实践创新能力。竞赛对参赛学生独立工作能力和创新能力要求高。4天时间内，学生要完全独立完成工作，在尽可能短的时间内根据设计对元器件进行选型、采购、制作印制板、安装、调试、仿真这些任务。这不仅需要扎实的基本功，还需要熟练的实践技能、创新能力以及一定的工程观念和能力。这中间涉及电子技术方面的知识和实践，也涉及书面表达能力、图面表达能力，在最后的展示环节，面对评委，还需要有敏捷的思维和条理的口头表达能力。竞赛希望通过理论联系实际，达到与学风建设的紧密结合，与高等学校相关专业的课程体系和课程内容改革的紧密结合，以期推动课程教学、教学改革和实验室建设工作。

三、"挑战杯"综合科技竞赛

挑战杯是"挑战杯"全国大学生系列科技学术竞赛的简称，是由共青团中央、中国科协、教育部和全国学联、举办地人民政府共同主办的全国性的大学生课外学术实践竞赛。"挑战杯"竞赛在中国共有两个并列项目,一个是"挑战杯"中国大学生创业计划竞赛;另一个则是"挑战杯"全国大学生课外学术科技作品竞赛。这两个项目的全国竞赛交叉轮流开展,每个项目每两年举办一届,"挑战杯"系列竞赛被誉为中国大学生科技创新创业的"奥林匹克"盛会,是国内大学生关注最多、最热门的全国性竞赛,也是全国最具代表性、权威性、示范性、导向性的大学生竞赛,"挑战杯"的杯名由原中共中央总书记、国家主席、中央军委主席江泽民同志亲自题写。

(一)"挑战杯"全国大学生课外学术科技作品竞赛

"挑战杯"全国大学生课外学术科技作品竞赛是一项全国性的竞赛活动,简称"大挑"(与挑战杯创业计划大赛对应)。该比赛创办于1986年,由教育部、共青团中央、中国科学技术协会、中华全国学生联合会、省级人民政府主办,承办高校为国内著名高校。竞赛宗旨为崇尚科学、追求真知、勤奋学习、锐意创新、迎接挑战。竞赛旨在引导和激励高校学生实事求是、刻苦钻研、勇于创新、多出成果、提高素质,培养学生创新精神和实践能力,并在此基础上促进高校学生课外学术科技活动的蓬勃开展,发现和培养一批在学术科技上有作为、有潜力的优秀人才。该竞赛每两年举办一次,旨在鼓励大学生勇于创新、迎接挑战的精神,培养跨世纪创新人才。截至2022年6月,"挑战杯"全国大学生课外学术科技作品竞赛已经举办17届。

竞赛作品分三类参赛:自然科学类学术论文、哲学社会科学类社会调查报告和学术论文、科技发明制作。竞赛聘请专家评定出具有较高学术理论水平、实际应用价值和创新意义的优秀作品,给予奖励,期间竞赛会组织学术交流和科技成果的展览、转让活动。由于"挑战杯"竞赛活动在较高层次上展示了我国各高校的育人成果和推动了高校与社会间的交流,已成为学校学生课余科技文化活动中的一项主导性活动,成为高校与社会交流与合作的重要窗口,成为促进高校科技成果向现实生产力转化的有效方式,成为培养高素质跨世纪人才的重要途径,也是企业界接触和物色优秀科技英才、引进科技成果、宣传企业、树立企业良好形象的最佳机会,从而越来越受到广大学生的欢迎和各高校的重视,也越来越在社会上产生广泛而良好的影响,其声誉远播欧美发达国家。

一、专业实习

专业实习是在学生完成规定的课程学习任务之后，针对各类专业要求而进行的一项专业实践调查活动。国家教育部《关于进一步加强高等学校本科教学工作的若干意见》提出："高等学校要强化实践育人的意识，区别不同学科对实践教学的要求，合理制定实践教学方案，完善实践教学体系，大力加强实践教学，切实提高大学生的实践能力。"专业实习是各个专业实践教学的重要组成部分，是大学生课程结构的重要组成部分。学生通过参与专业实习不断完善知识结构和能力结构。在建筑类专业大学生中开展专业实习，根本目的是为社会培养具备在建筑设计、施工、监理、咨询、管理、事业单位和各级政府部门从事城乡建设的知识与技能的创新型人才。专业实习可以成为连接学校和社会的桥梁。

建筑类专业实习中，学生通过现场锻炼对建筑工程的设计、施工、管理、计价等方面的知识有进一步的巩固和深化，能够衡量方案的可行性，形成初步设计开发能力。学生在其中需要综合考虑社会、健康、安全、法律、文化、艺术及环境等因素，对体系、结构、构件或施工方案进行可行性研究。同时通过工程实践深化对建筑类专业相关规范、标准的理解，明确项目实施对社会文化、公共健康安全、法律道德等方面的影响，提升对专业的职业认知，能够评价工程项目的设计、施工和运行方案及复杂工程问题的解决方案对社会、健康、安全、法律以及文化的影响。在实践中，学生还会了解新结构、新材料、新工艺和新技术，形成环保意识，并尝试用所学知识评价工程建设活动对环境的影响，理解环境保护和社会可持续发展的内涵意义，熟悉环境保护法律法规，践行绿色建造理念。实习还会让学生熟悉项目一线的管理流程和沟通技巧，能够通过撰写报告、设计文稿、陈述发言、表达或回应指令等方式，就工程实践中的复杂问题与业界同行及社会公众进行有效沟通与交流。学生在整个实习中学习项目的组织、管理、领导、激励技巧并能正确应用，初步具备工程项目管理能力。总的来说，通过实习可以达到以下目的：

通过专业实习，加强专业认知，以实践促进理论知识的认识深化，弥补理论教学的不足，提高学生建筑专业知识的熟练掌握程度。

通过专业实习，进一步培养学生独立发现问题、分析问题、解决问题的能力和创新能力，为今后工作打下良好基础。

通过专业实习，培养学生的社会活动能力和创业精神，使其以积极的态度投入今后的工作。

二、社会调研

社会调研即社会调查研究。社会调研是一种有意识、有目的的探索社会未知领域的认知活动。调研的目的是要摸清社会问题，促进社会改造。大学生社会调研，是大学生开展实践研究的一种方法和途径。通过调研探索书本知识学习中未知领域的认知活动，是课堂教学的有益补充，重在了解问题、认识问题。建筑类大学生开展社会调研，则强调学会从建筑专业角度了解问题和认识问题的方法。调研的方法多采用调查表、访谈等方法得到事实依据和理论依据。

采用调查法开展大学生社会调研，是一项复杂的系统工程，必须事先设计调查方案。大学生制作一个完整的调查方案通常应包含五个方面的内容，即调查目的、调查内容、调查方式、调查对象以及调查单位。调查的工作是一个探索性工作，需要围绕研究的问题并同各种类型的回答者进行试调查，这个过程学生不仅要了解调查步骤，而且还能透过问题的表征分析问题的根本，即学会透过现象看本质，并看透本质说现象。学生在发现和回收问卷过程中会涉及人际沟通、任务分解、组织管理，以及问卷统计分析，这是一个综合能力快速提升的过程。这个过程会启发学生以问题为出发点，引发新的思考，创新工作思路和工作方法，因此这个过程也是科技创新能力快速提升的过程。

采用访谈法开展大学生社会调研，需要通过个别访问或集体交谈的方式，系统而有计划地收集资料。学生需要设置访谈提纲，确定访谈形式。访谈需要技巧，首先需要明确访谈时间，根据时间设置好问题，选择好访谈地点。在访谈过程中确定好一条清晰的主线，在过程中不断总结、确认和追问，对模糊的说辞，要请被访者举一些具体的事例。大学生访谈过程中一定要提前做好准备，为了访谈过程中能与被访者呼应，需要提前了解被访者资料，并有意识地去认可和鼓励被访者。比如建筑类专业大学生在开展校友访谈时，要对校友所做的工程有所了解，要能听得懂专业术语，增加彼此对话的亲和度。访谈结束后要尽快得出主要结论，吸收访谈信息。整个访谈过程参与下来，学生将对如何营造融洽的采访气氛、有效地与被访者沟通、保持清晰的访谈主线等问题有深入体会和了解，这种能力将有利于学生从被访者身上获得更多的阅历体会，这些体会中不乏创新思维和创新精神的鼓舞与传承。而参与访谈的过程将获得社会交往中的基本能力和技巧，这些对大学生就业也将至关重要。

三、志愿服务

大学生志愿服务是大学生在课余时间，有组织走向社会，无偿开展社会服务、社会调研等实践活动。大学生志愿服务以志愿服务精神为行为准则，在活动中坚持利他利己相统一，使得服务他人与提高自己相融合，为社会上需要帮助的人送去了温暖和关爱，缩短了人与人之间的距离，减少了人与人之间的摩擦，促进了社会和谐的发展。大学生志愿服务覆盖义务维修、西部支教、环境保护、社区服务、关爱弱势群体等方面。大学生在参与志愿服务过程中，会挑战困难，承担社会责任，会感受帮助他人带来的快乐。大学生志愿者的成长成才与祖国和社会的需求相结合，通过开展志愿服务，增强公民意识，社会认同感、归属感，树立正确的人生观、价值观，培养集体主义、爱国主义精神，传承中华民族优秀品质。国家富强、民族复兴、人民幸福需要政治、经济、文化、社会、生态等多方面的共同发展和进步。大学生志愿服务能弥补政府管理缺陷，增加社会资源，创造经济效益，增进文化交流，营造良好的和谐社会氛围。

大学生参与志愿服务还有利于激发创造力，培育创新精神。大学生参与志愿服务是将学生与社会，将理论与实践，将理想与现实连接起来的重要载体。大学生在志愿服务过程中，可能会遭到突发状况，遇到超出预期的困难。这个时候，大学生志愿者如果能结合所学，激发潜能，找寻新的方法，这个打破陈规的过程，就是创新的过程。创新的过程也是大学生体会志愿服务价值，弘扬志愿精神，培育创新精神的过程。以长城文化志愿服务为例，学生在调研长城文化的过程中，可以采访当地的工作人员以及村民，了解长城红色故事，完成长城红色口述史记录，同时还可以结合专业，针对红色景区保护开发提出了初步设想。这个专业应用于实践的过程，就是理论联系实践的过程，也是学生开启创造力的过程。

第三节　课堂教育

大学是追求真理的地方。大学精神中科学精神占有重要的地位，科学精神就是追求真理。真理面前，人人平等。大学课堂上，学生可以对教师所讲授的内容提出质疑或者是批评。只有这种开放式的课堂氛围，才能激发学生的独立思考，才能激发学生的创新思维。大学课堂的开放性和包容性背后当然还需要组织性、秩序性。如何把控大学的课堂教育，让学生既能遵守课堂纪律、尊师重教，又能通过老师精心的设计、引导与约束，进行启发式思考，产生创造性思维。这是大学课堂教育需要思考的重要问题。这里，我们将课堂教育划分为专业教育、讲座、座谈三种形式进行思考。

一、专业教育

专业教育是针对专业知识或职业能力对学生进行的教育教学，具有"标准化"特征。学生通过专业教育的学习，可以系统了解、掌握本专业或与本专业相关的各种基础知识、基础理论和基本技能，为未来从事本专业相关工作做好充分准备。专业知识是现场取向的实践知识，因此专业教育的重心在实践，强调在实践研究中培养学生专业应用能力、可持续发展能力以及创新意识。专业教育在研究和创新中不断拓展，将理论转换为实践，促进专业持续性发展。专业教育具有实践性、研究性、复合性等特点。

专业教育与大学生科技创新活动相辅相成，专业教育是大学生科技创新活动的基础，决定着大学生科技创新的方向。学生发现问题、解决问题的能力都是以专业知识为保障。只有有了坚实牢固的专业教育基础，大学生科技创新活动才能被注入更多活力。科技创新活动激发学生专业学习的兴趣，强化专业教育。学生在从事科技创新活动的过程中，需要把专业知识应用到实践，了解专业现实需求，运用创新性的专业知识去解决实践中的新情况和新问题。专业教育是理论基础，大学生科技创新能力培养是实践应用，两者不能相互取代，而是互相促进、相辅相成、互相依赖。

二、讲座

讲座是指由教师不定期向学生讲授与学科有关的科学趣闻或新的发展，以扩大学生知识面的一种教学形式。课堂教育中要想提升大学生科技创新能力，势必要开拓学生专业视野。讲座就属于课堂教育中的一种学习形式。教师会在课堂上邀请该领域的兼职教师、行业大师等知名专家，讲座的主题也会围绕专业领域的具体问题进行，可谓是一场学术盛宴。这种讲座具有较高的学术水平和研讨价值，学生通过参与这类讲座能够体验到思路的火花式碰撞，也能了解到最新的学术研究成果。有些学校将套入课程里的讲座，称之为"课中课"。这些课程会出现在专业教育、通识教育等不同类型的课堂。学习目的虽有侧重点，但是其总的目标却是一致的，都是通过这些讲座打开学生视野，激发学生兴趣，培养学生创新思维，养成创新习惯，提升创新能力，为后面的学习打下良好基础。

讲座的这种形式，将专业教师、兼职教师、行业大师组成了大的"教师群"，使得课堂教育教学变成众多角色共同参与的"同台演出"，使得课堂教育的"舞台"变得更大，"戏路"更宽。讲座具有专题性，所以讲座聚焦某个领域的具体问题，讲座内容中不乏案例分析，针对性更强，更接地气。这些启发式的案例通过精心设计融进教学后，有利于学生将理论与实践有机结合，引发学生对社会现象的思考，启发学生善于用一双发现问题的眼睛，观察世界，用自己的所知所学解决问题。学生也通过讲座，结识到行业大咖，进而提升专业认同感和自豪感，树立专业学习榜样，培育奋斗精神。鉴于以上，讲座是课堂教育的有益补充。

三、座谈

座谈作为课堂教育的又一种形式，氛围比较轻松，主题鲜明，参与座谈的师生可以就某个专业话题自由平等地发表意见、交流切磋。座谈的形式灵活，可以采取圆形、方形、椭圆形等围坐格局，可以摆设成半围式。教师作为座谈主持人要善于引导和控制座谈的发言顺序，紧扣研究主题，激发学生的思路和热情，既能防止开"无轨电车"现象，也能防止出现暂时的"冷场"局面。座谈中可能会出现师生围绕某一学术问题的争论现象，这种争论应当给予鼓励和保护，这既有利于打破僵局，活跃座谈气氛，也有利于激发学生的创新思路。当然，如果座谈出现无谓的争论且影响座谈正常进行时，教师应及时引导。

座谈中，教师可以开展头脑风暴讨论，促进创新思考，引导学生发表看法与思考，以激发学生学习兴趣，增进彼此沟通，互相创新，让头脑和思维高速运转，令每一个不同的思想在相互碰撞中激起脑海中创造性风暴。座谈记录工作对学生素质要求也很高。记录学生要及时能够将师生所讲简要记录，并发表自己的看法和观点。学生在座谈中变"要我学"为"我要学"，学习主动性和创造性将大幅增加，课堂氛围热烈，创造力十足。

第四章
建筑行业创新人才需求

　　随着中国经济的腾飞，"中国建造"为人民生活便利、生态环境友好、脱贫攻坚、科技腾飞插上了翅膀。"中国建造"不仅改善了中国人民的生活质量，打造了一个个令世界惊叹的地标，更筑起了"一带一路"沿线国家友谊的桥梁。据住建部发布的信息显示，2021年，中国建筑业总产值达到29.3万亿，是2012年的2.1倍；增加值达到8万亿元，占GDP的7%；吸纳就业超过5000万人。[①]此外，还有一些超级工程，如FAST天眼工程、防城港核电站等，是由以中国建筑为代表的大批建筑企业，在国内外承载重要的建造任务。我国正由"建造大国"向"建造强国"持续迈进，承担着一个大国的责任与担当。

　　近年来伴随着建筑行业的转型升级，人工智能已经被广泛应用于我们的生产生活，建筑业呈现出建筑工业化、信息化和智能化的新趋势，BIM、3D打印、EPC建造、数字化建造等前沿建造技术不断发展成熟，建筑业的人才需求也在发生深刻变化。招聘对象逐渐由"实用型"人才向"发展型"人才转变，从经验、实干人才向学习、消化、吸收、创新能力强的人才转型。[②]

---

① 时斓娜. 近10年建筑业支柱产业地位持续巩固［N］. 工人日报，2022-09-20（04版）.

② 于震. 未来已来，中国建造呼唤创新人才［J］. 中国大学生就业（综合版），2021：10-12.

第一节　建筑行业创新人才需求方向

　　面对建筑行业对人才的新需求，建筑行业人才不仅需要拥有过硬的技术前沿知识和新技术研发能力，还需具备较强的团队管理知识和组织协调能力，全面了解行业和企业发展情况、先进技术，这里包括对先进设备和智能化工作的掌握。建筑企业对创新人才的衡量会更关注学生多方面的综合素质，而不是单方面的"学历"和"分数"，在拥有较好学业成绩的基础上，还会关注学生是否具有社会实习经验经历、多学科背景、校园实践经历等。本节将概述"十四五"规划以及2035年远景目标建筑行业人才需求，聚焦建筑设计、智能建造、节能减排、全过程咨询管理这四个热门领域介绍创新人才需求。

一、"十四五"以及2035远景建筑行业人才需求

　　2022年，住房和城乡建设部发布《"十四五"建筑业发展规划》，规划指出：2035年远景目标以建设世界建造强国为目标，着力构建市场机制有效、质量安全可控、标准支撑有力、市场主体有活力的现代化建筑业发展体系。到2035年，建筑业发展质量和效益大幅提升，建筑工业化全面实现，建筑品质显著提升，企业创新能力大幅提高，高素质人才队伍全面建立，产业整体优势明显增强，"中国建造"核心竞争力世界领先，迈入智能建造世界强国行列，全面服务社会主义现代化强国建设。"十四五"时期发展目标是对标2035年远景目标，初步形成建筑业高质量发展体系框架，建筑市场运行机制更加完善，营商环境和产业结构不断优化，建筑市场秩序明显改善，工程质量安全保障体系基本健全，建筑工业化、数字化、智能化水平大幅提升，建造方式绿色转型成效显著，加速建筑业由大向强转变，为形成强大国内市场、构建新发展格局提供有力支撑。[①]

　　从《"十四五"建筑业发展规划》可以看出，建筑业改革逐渐走向深入，技术创新的作用越来越突出。一是发展业态出现变化，开始向工业化、数字化、智能化

---

① 住房和城乡建设部."十四五"建筑业发展规划［EB/OL］.［2022-01-15］.中华人民共和国住房和城乡建设部官网.

方向转变。二是发展生态出现变化，更注重绿色节能、低碳环保，与自然和谐共生。三是发展模式出现变化，从粗放式扩张走向精细化运营，城市更新、老旧小区改造、城乡融合发展等存量市场开始成为新"蓝海"。四是管理方式出现变化，质量标准化、安全常态化、管理信息化和建造方式绿色化、工业化、智慧化的要求越来越高。五是融合共赢、协同发展开始受到关注，加强与产业链上下游企业、关联行业融合共赢、协同发展，是发展新趋势。"十四五"期间，技术创新将是引领建筑业高质量发展的第一动力。①

　　建筑业改革方向也是建筑业人才需求方向。我国建筑行业已经踏入高质量自主创新发展环节，创新人才重要性日益突出。以勘察设计行业为例，在建筑业从过去碎片化、粗放型、劳动密集型生产方式向集成化、精细化、技术密集型生产方式转变过程中，需要深入思考未来行业发展定位和空间，需要在提高策划和原创能力、做精做深设计、研究和应用新技术方面加大力度，以避免在智能建造时代被边缘化。其中的原创能力是勘察设计行业创造力的体现，也是人工智能技术难以替代的工作。而做深设计，不仅要提高设计工作者的精细化水平，还需要设计工作者掌握先进技术，在设计中应用先进技术，提升设计技术含量。设计工作者要转变简单的"按规范设计"的传统理念，站在投资方、建设方、使用方等角度多思考多行动，提升设计综合价值。②以上只是勘察设计行业对创新人才的需求，其他行业对创新人才的需求，我们将在后文展开。但无论哪个行业，随着投建营一体化和科技创新驱动，未来承包商将是多面手、万能型、敏捷型组织。未来建筑业人才需要更加专业、复合、跨界和知识迭代，建筑从业人员和组织的学习能力，将成为制胜法宝。未来建筑人才供应链将向前后延伸，向前延伸将定点支持就业班、产教融合定制人才班、提高人才入口质量班等，向后延伸是指尽量延长特殊人才的职业周期，避免因任期或年龄等原因一刀切，造成人才损失。面对"十四五"时期的高质量发展，建筑业要抓住转型升级和科技创新两大主题，势必需要储备大量的复合型创新型人才。建筑业的新需求将为高校创新人才培养指引方向。

---

① 何旭."十四五"时期建筑业发展的趋势与机遇［J］.中华建设，2021（10）：8-9.
② 郭刚.从建筑业"十四五"规划看行业未来发展［J］.中国勘察设计，2022（04）：36-40.

二、建筑设计对创新人才的需求

创新是设计的灵魂，是建筑师赋予设计的生命活力。建筑设计的创新，可以展现建筑历史的推动性、革命性发展。建筑设计的创新水平和特点，与一个国家的经济发展情况和文化特点有着紧密的关系。建筑设计的创新直接体现着一个国家建设理念的科学化、时代化水平。建筑设计创新人才要把握建筑设计本质，重视建筑本质的功能和使用者的要求，结合实际施工环境，融入传统文化的理解，将建筑体型与室外浑然一体，在设计中展现深厚的文化底蕴和美学思想。

（一）建筑设计创新需要人性化设计

建筑与城市建设的目的归根结底是为了人。人性化的设计要成为建筑创新的根本目的。在过往城市的发展中，浓郁的乡村文化逐渐消失，城市与城市间的距离感弱化，城市建设趋同，历史文脉淡化，以钢筋混凝土浇筑而成的"城市森林"占据了城市发展的主流。过于追求体量的宏大和造型的震撼，不仅会摧毁原有城市面貌的尺度和肌理，更会让这个"天外来客"孤立于现实之外，拉远城市建筑与市民的关系。而建筑不应该是简单的栖居之所，人的复杂性赋予了建筑环境的复杂性，这些决定了以人居环境科学为导向的建筑创新应该源于生活，高于生活。如何融合地方文化的地域性、历史性、社会性、文化性，将建筑与城市融为一体，亲切地为城市提供安全、经济、便捷、文化的服务，是建筑类大学生创新能力培养的立脚点，更是中国建筑师展现城市文化活力的根本所在。建筑为了改变这种文化趋同的建筑设计趋势，设计出符合建筑创作过程是科学、哲学、艺术的综合过程，建筑类专业大学生要想设计出好的作品，就必须学习人文科学，善于发现生活，融合地域特色去创作人性化的建筑作品。

人性化设计落在建筑设计中，就是要在学生的设计培养环节，要求在追求建筑造型和立面效果的设计新意的同时，以建筑本体出发，考虑环境、功能、体量、流线、文化意义和建造技术等要素的逻辑关系，在提升环境品质的前提下，探寻最适宜的设计方案。举个具体的例子：我国很多公共建筑的入口，都会设计大台阶，以彰显建筑的"气派"。但是这种设计思路会让来访者仰视，与建筑里高高在上的主人形成鲜明的对比和落差。这些理念与我们追求的平等的人性化理念背道而驰。如果在人性化设计的基础上进行创作，我们可以将大台阶改良为缓坡，这既能有效处理室内外高差，又能让来访者与受访者没有心理差距。

（二）建筑设计创新需要理性思维

建筑是一种多学科的融合，如果说建筑算一种艺术，那么建筑也区别于艺术，它还具有更强的社会属性，会耗费很多的人力、物力、财力资源，深刻影响着人们的生存环境。从这个程度看，建筑不是纯粹的艺术，建筑设计不能只关心建筑的形式，还必须关心人与社会的发展。所以理性创作是建筑设计不可或缺的思考方式。建筑创新的结果应该是感性与理性交融的结果，而且理性思维占据控制地位。

纵观人类历史发展，在人类建造史中，建筑都是以理性的状态出现的。石块、树枝、树皮、茅草……这些最初让人类用来搭建遮风避雨空间的构件，都是人类在理性思维下的建筑构件。这些原始建筑在材料的物理逻辑、技术、空间设计上顺应社会生产力的发展水平，体现了建筑对社会生产技术水平的依赖性。随着技术的进步、财富的积累，建筑形式也发生了很大的变化。建筑随着不同历史朝代的发展，成为不同时代文化传播的媒介，反映出社会的发展规律和状态。随着电脑技术的发展，建筑设计几乎不受任何形式的限制。建筑设计的理性思维受到严峻的挑战，很多造型百怪的建筑浮现于世，挑战着人们审美与伦理底线。建筑设计的初衷是什么？这个看似简单的问题却被人们忽略了。一味追寻西方建筑的理念和技术，而缺乏社会和地方融入性思考，让有些看似很先进的西方技术和理念生搬硬套地来到了中国市场，玄虚的理念和惊艳的形式背后，呈现着人们的浮躁心态，丧失了的理性思考。

建筑是集社会、技术、艺术等多重性为一体，与力学、光学、声学、地理学、社会学、经济学、心理学、历史学等人文、自然领域联系紧密的一门学科。建筑创作的理性思维培养归根结底还是建筑与城市内在关系的探索。建筑类大学生课堂教学不应仅设有美学、设计学等审美、设计素养课程，还应该设有建筑史、建筑材料、工程技术、力学、声学、环境科学、行为心理学等领域的课程。而且应该在基础、设计、技术、实践能力等方面，按照由小到大、由简单到复杂、由理论到实践、由设计、技术单一到文化多元、技术复杂的学习递进环节，注重学生对周边环境和控制性指标的分析考虑，以培养能够应对多变条件的把握和创新能力的理性思维为导向。

（三）建筑设计创新需要源于文化传承

随着近些年地产经济的发展，散落在城市各处的各类历史建筑，成为城市经济快速增长的绊脚石。很多老街区、老胡同遭受拆毁的命运。很多历史记忆也随着建筑本体的拆毁，面临着被遗忘和消失。发展过程中失去的那些老建筑，不免让人遗憾，取而代之的是与原来城市肌理毫无关系的全新路网和巨大建筑。城市的历史面临着被遗弃的危机。在历史建筑被拆除的同时，城市空间中却兴建了很多不伦不类的假古董。建筑文化的传承如果简单地靠"拆真建假"来完成，那这个城市的历史文脉将被无情地割断。建筑的历史味道是需要时间来滋养的，古建筑就是古建筑，拆了就没了；新建筑就是新建筑，再仿古，依旧烙有新时代的纹理和记号，依然不能算是古建筑。

对于古建筑一旦拆毁就不能复原，在建筑设计时，要妥善处理，依法保护或改造再利用。而新建筑出现的历史使命就是新时代生产力、技艺、历史文化传承的呈现和表达，就是要以新时代的建造技艺为依托，在空间、尺度、形体、色彩等方面表达出应有的内涵。反映在建筑类大学生创新能力培养上就是要树立正确的世界观、人生观、价值观，注重历史文化、技艺的准确传承，这是对历史的尊重，更是做匠人的责任。

三、智能建造对创新人才的需求

智能建造是对工程建造技术的变革与创新，是新一代信息技术与工程建造融合形成的工程建造创新模式。智能建造从产品形态、建造方式、经营理念、市场形态以及行业管理等方面推动建筑产业变革。培养适应建筑行业发展需要的智能建造创新人才，对于支撑我国迈向建造强国具有重要意义。

（一）智能建造创新人才需要 T 型知识结构

智能建造，是新一代信息技术与工程建造融合形成的工程建造创新模式，即利用以"三化"（数字化、网络化和智能化）和"三算"（算据、算力、算法）为特征的新一代信息技术，在实现工程建造要素资源数字化的基础上，通过规范化建模、网络化交互、可视化认知、高性能计算以及智能化决策支持，实现数字链驱动下的工程立项策划、规划设计、施（加）工生产、运维服务一体化集成与高效率协同，不断拓展工程建造价值链、改造产业结构形态，向用户交付以人为本、绿色可持续的智能化工程产品与服务。[1]

从定义可以看出，智能建造是多学科交叉融合解决具体工程问题的一种新型建造模式。智能建造的创新人才需要具有广博的知识面，具有融会贯通的复合型知识体系，如果用"T"字形来表达，就是"一横"。建筑3D打印、建筑机器人、生物混凝土技术等就体现了材料学科、机械学科、计算机学科、土木学科的交叉融合。同时，智能建造创新人才的知识结构和体系还需要解决"一竖"的问题，即需要具备某一方面深入的专业知识。智能建造是在信息技术和工程建造深度融合的背景下提出的。从事智能建造专业的工作人员需要掌握信息科学方面的知识和方法，实现信息技术与土木工程知识的融会贯通。

（二）智能建造创新人才需要突出工程建造能力

智能建造是用智能化手段实现更高质量的工程建造。智能建造创新人才培养要以工程建造为根本，信息技术类的课程为辅助，满足未来工程建造需要、具备解决工程建造复杂问题的能力，万不可舍本逐末，简单堆砌一些信息技术类课程，挤占专业课时间，反而削弱学生的工程基础。在重视工程基础课程的同时，突出利用新技术、新方法创造性解决工程问题能力的培养。多学科交叉融合的智能建造将会发展出新的工程建造技术与方法，如数据驱动、模型驱动的工程设计和施工，这些都需要智能建造从业人员具有创新思维，能够从独特的视角发现问题，提出解决问题的崭新思路，运用新技术和新方法实现创新性成果。因此，在多学科交叉融合的基础上，智能建造创新人才至少能够掌握一门计算机语言，驱动一台机械设备，解决一个土木工程问题。

（三）智能建造创新人才需要工程社会意识

随着工程建设技术的发展，人类改造自然、影响环境的能力也越大。现代工程建设面临的不再是单纯的技术问题，还要考虑工程与环境、社会之间的相互影响。三峡工程财务决算总金额为2078.73亿元，其中枢纽工程873.61亿元，占总投资

---

[1]　丁烈云. 智能建造推动建筑产业变革［N］. 中国建设报，2019-06-07（08版）.

的42%，而用于移民搬迁安置的资金达到920.29亿元，占总投资的44.2%。[①]新技术变革条件下的智能建造工程师应当具有工程伦理意识、强烈的社会责任感和人文情怀，要更加深刻地理解工程实践对社会、环境造成的影响，更加深刻地理解建筑产品对社会、用户带来的价值以及如何去实现这些价值。智能建造应当为用户创造出更绿色、更高品质的建筑产品，这就要求我们不仅要从建造技术上去创新，采用最佳的建造材料和建造方式，还要有强烈的责任心，在建设活动中始终坚持以用户为中心、坚持可持续发展的理念。[②]

四、建筑节能对创新人才的需求

节能减排是节约能源、降低能源消耗、减少污染物排放。节能减排是生态文明建设的重要内容，也是推进我国实现碳达峰碳中和、促进高质量发展的重要支撑。据统计，全国建筑能耗，包括建材生产、施工建造和运行维护，占全社会总能耗的46%，其中运行能耗约占22%。建筑领域已经成为国家低碳发展的重点和难点，未来"十四五""十五五"将是建筑节能减排工作的机遇期，专业化、职业化人才必定会成为热门。面对城乡建设绿色低碳发展的必然趋势，建筑领域节能减排从业人员作为新职业带来的新岗位，将充分依托建筑行业从业人员存量补齐技能短板，加速复合型人才培养和创新技能提升。[③]

（一）建筑节能创新人才要树立可持续发展观

可持续发展是科学发展的基本要求之一。可持续发展指的是既要满足当代人的需求，有不对后代人满足其需求的能力构成危害的发展。当前阶段，可持续发展的观念已经深入到我国社会发展的各个领域，可持续发展已经成为世界发展的必然趋势，最终目的是实现人与自然的和谐发展。随着我国建筑总量不断攀升和居住舒适度的提高，建筑能耗急剧上升。建筑节能已经成为影响国家能源安全和提高能源效率的重要因素之一。节能建筑能够有效地节省资源，因此在我国城市建设的进程中

① 审计署. 长江三峡工程竣工财务决算草案审计结果 [EB/OL]. [2013-06-07]. 中央政府官网. http://finance.people.com.cn/n/2013/0607/c1004-21777137.html.

② 丁烈云. 智能建造创新型工程科技人才培养的思考 [J]. 高等工程教育研究, 2019（05）: 1-4.

③ 倪江波. 给"造房子"节能减排这个新职业未来缺口大 [N]. 东台日报, 2022-07-13（04版）.

应该加强节能建筑的推广力度。尤其是提高建筑类专业大学生对可持续发展观的认识。让学生了解国家关于碳排放问题的相关规定，了解社会对低碳建筑和服务的需求，使其能够清晰认识到由于气候变化、能源短缺和价值链环保等问题给社会和行业带来的现实压力、风险和机遇，普及节能建筑优势，强化建筑节能意识，增强社会主人翁责任感，推广建筑可持续发展理念；让学生积极参与新能源与可持续发展方面的调研，调研太阳能、风能、地热能、海洋能、生物质能、氢能、天然气水合物、洁净煤技术等方面的内容，培养低碳思维，加强节能减排创新训练，践行可持续发展理念。

（二）建筑节能创新人才要训练低碳建筑技能

面对世界低碳环保的大趋势，我国要实现碳达峰碳中和，就要对各类产品提出低碳环保指标要求。建筑作为我国低碳经济发展的重要领域，同时也面临着建筑低碳化发展需求。低碳建筑要求在建筑材料与设备制造、施工建造和建筑物使用的整个生命周期内，减少化石能源的使用，提高能效，降低二氧化碳排放量。这就要求建筑从业人员提升节能、降耗、减排、增效等领域的专业技能，推动低碳建筑在产品导向、生产工艺流程设计以及废物的排放与处理等方面改革，在生产过程中最大限度地减少温室气体排放，提升能源利用效率。对于建筑类专业大学创新人才培养，就要丰富和革新节能减排创新训练课程的理论体系和方法，及时将新能源及相关技术（如新技术、新材料、新工艺）等内容和应用案例丰富到课堂讲授中来。从建筑设计的最初阶段进行规划，在建筑形体、结构、开窗方式、外墙选材等方面融入节能设计的定量分析。加强建筑设计、土木工程、环境能源、电气自动化等专业在设计过程中的互动，让学生掌握低碳经济下的建筑全生命周期的生产与经营理念，增强建筑节能减排技能，运用低碳建筑技能解决实际问题。

（三）节能减排创新人才要具备良好的组织协调能力

建筑节能作为社会系统节能的重要组成部分，是一项社会活动。这要求建筑节能减排从业人员要在工程实践过程中与建筑规划设计、土木工程、建筑环境与设备工程、工程管理等相关专业人员协调、沟通，共同解决工程实施过程中的关联技术问题。同时，建筑节能工程具有公益性，要求建筑节能专业人员能与建筑节能工程受益的公众进行有效沟通，使公众了解建筑节能工程，并通过行为节能主动参与建筑节能工程运行使用阶段的节能实践。同时建筑节能工程是一项系统工程。建筑节能发展要与经济、社会、环境和文化协调发展，建筑节能工程的子系统和各要素会相互影响，工程管理、工程经济、工程技术、工程生态和工程社会等属性对特定地域条件下的工程活动的集成、建构，会形成特定的建筑节能工程。所以，建筑节能创新人才要对各种技术措施的关联集成要有介入能力，要能综合各种技术手段，形成对建筑节能工程的综合实践能力。另外，建筑既是科学又是艺术，建筑节能活动既是科学实践，又是社会文化活动。建筑节能从业人员要有足够的实践能力，能够采用开放的、动态的、定性与定量相结合的综合集成方法开展实践。建筑节能从业人员的素质要求决定了建筑类专业大学生科技创新人才的培养方向。

五、全过程工程咨询对创新人才的需求

2020年8月28日，住房和城乡建设部、教育部、科学技术部、工业和信息化部等九部门联合印发《关于加快新型建筑工业化发展的若干意见》（建标规〔2020〕8号），意见提出：要发展全过程工程咨询，大力发展以市场需求为导向、满足委托方多样化需求的全过程工程咨询服务，培育具备勘察、设计、监理、招标代理、造价等业务能力的全过程工程咨询企业。[①]全过程咨询服务是指对建设项目全生命周期提供组织、管理、经济和技术等各有关方面的工程咨询服务。涉及建设工程全生命周期内的策划咨询、前期调研、工程设计、招标代理、造价咨询、工程监理、施工前期准备、施工过程管理、竣工验收及运营保修等各个阶段的管理服务。2017年全过程工程咨询就已经开始试点，在各地试点推行过程中，全过程工程咨询存在数字化普及程度不高、整体服务能力不强、管理制度不完善、专业人才欠缺等问题。全过程工程咨询需要大量具备管理、经济、法律、技术等系统知识的复合型人才。

（一）全过程工程咨询创新人才需要掌握工程全过程系统知识

面对全过程工程咨询对创新人才的需求，传统工程教育需要加强对工程全过

---

① 住房和城乡建设部. 住房和城乡建设部等部门关于加快新型建筑工业化发展的若干意见［EB/OL］.
［2020-08-28］. 中华人民共和国中央人民政府官网.

程系统知识的融合及工程连续性发展等内容的介绍，以全生命周期视角对管理、经济、法律和技术等学科知识进行系统化教学与知识融合。譬如以工程管理专业为例，除了要掌握建筑和土木工程领域的技术知识外，学生还要掌握与工程管理相关的管理、经济、法律和信息技术等基础知识，具备较高地专业综合素质和较强的项目管理能力、经济分析能力以及合同管理能力，具有职业道德、创新精神和国际视野，并能够在建筑和土木工程领域从事全生命周期的工程管理。课程设置不是简单的堆砌、碎片化呈现和独立式教学，而是要从课程体系构建到课程讲授内容衔接上，真正做到技术、管理、经济、法律法规、信息化等方面知识体系在人才培养的全过程、全方位、多角度的整体融合，适应国内外工程项目全生命周期管理相关职业要求，培养学生的创新精神、初步科研能力和可持续发展能力，为国家经济建设和社会发展服务。

（二）全过程工程咨询创新人才要有较强的实践应用能力

全过程工程咨询要运用工程技术、经济、管理、法律、信息化等多学科知识和经验，为业主方提供智力服务。特别是项目决策阶段，业主方需要借助工程咨询单位的经验与智慧，为项目进行精准定位、建设内容策划及可行性研究。这需要全过程工程咨询团队及成员前期掌握大量的工程项目经验，具备将工程技术应用到相关专业工程领域的能力。因此，全过程工程咨询团队及成员更需要熟练掌握和运用相关技术，并努力创新，成为提高企业全过程工程咨询服务水平的核心竞争力。对于建筑类专业大学生来说，这个经验和能力的培养单靠课堂教育是远远不够的，需要建筑类专业大学生在校期间就有一定的工作经验，具备实践应用能力。这就要求建筑类专业在培养过程中强调应用、注重实践，加大与建筑企事业单位的咨询合作，开展科学研究解决行业发展的关键性技术，并将专业学科最新技术运用到建筑项目和咨询技术中的经验，以课堂案例的形式传授给学生。同时，从专业认识实习、房屋建筑学、工程结构、工程测量、工程施工、工程经济学、工程项目管理、建筑与装饰工程、BIM技术应用、工程造价、招投标模拟等多方面增加实践教学体量，配合以工程管理前沿讲座、科研实践、创新实践、创新创业慕课、算量大赛、BIM大赛、就业实习等创新实践及科研训练，提升工程实践应用能力，为全过程工程咨询奠定基础。

（三）全过程工程咨询创新人才需要掌握数字化、信息化技术

将数字化、信息化技术贯穿全过程工程咨询是行业成功转型升级、高质量发展的关键。《"十四五"建筑业发展规划》明确指出，夯实数字化基础，加快推进BIM技术在工程全寿命周期的集成应用，健全数据交互和安全标准，强化设计，生产施工各环节数字化协同，推动项目建设全过程数字化成果交付和应用是主要任务之一。[①]BIM作为贯穿项目全生命周期重要工作模式在建筑行业已经被推广应用，全过程工程咨询服务下的创新人才应具备以BIM技术为核心的数字化应用能力，能获取、处理、共享以互联网、建筑信息模型、数据库、云计算技术等为载体的项目全生命周期各阶段不同业务的集成化信息，并识别和运用价值的知识和技能资源。在工程项目开展全过程中，咨询服务团队应能够通过应用数字化手段解决专项业务中因存在目标不一致、信息不对称、责权模糊、重叠或错配等情况而产生的协同失效等问题，促使每一阶段的资源要素都能在各专业团队通力合作下最大化发挥效用，真正做到协同融合，相得益彰。建筑类专业大学生应具备主动为建设方挖掘项目价值的职业思想和职业行为习惯，以BIM数字化应用能力为主线提升服务宽度和深度，为建设项目提供全生命周期价值最大化方案。[②]

第二节 建筑企事业单位用人标准案例

建筑企事业单位在实际工程中的用人情况，能够及时反馈建筑业市场的人才需求方向，本节摘取建筑施工和全过程咨询服务两个实际案例，希望能从建筑施工的实际案例中，捕捉未来建筑技术发展方向，反馈出绿色建筑及智能建造对创新人才培养的时代需求方向；从全过程咨询服务案例中，体会建筑设计、造价、监理、项目管理等全过程咨询服务理念，窥见建筑全生命周期对创新人才培养的时代需求方向。

---

① 住房和城乡建设部关于印发《"十四五"建筑业发展规划》的通知［EB/OL］．2022-01-25［2022-03-09］．https://www.mohurd.gov.cn/gongkai/fdzd-gknr/zfhcxjsbwj/202201/20220125_7642.html.

② 常晓青．高职工程造价人才培养的路径创新：基于全过程工程咨询服务模式的视角［J］．中国职业技术教育，2022（16）：87-91.

一、建筑施工企业用人标准案例

本部分选取某国企房屋建筑施工工程的实际案例，案例工程总建筑面积7.3万平方米，其中地下二层，建筑面积约2.7万平方米，地上8~9层，建筑面积约4.6万平方米。地下为车库、设备用房等；地上为宿舍、值班用房，共1122间。

（一）工程项目的重点要求

1. 设计理念先进，BIM 应用要求高

施工过程中选用绿色环保建筑材料，采用绿色建筑技术，制定并实施保护环境的具体措施，控制由于施工引起各种污染以及对场地周边区域的影响。

在本工程的规划设计、施工建造和运行维护阶段应用建筑信息模型（BIM）技术。通过BIM技术在项目各环节的应用，确保绿色建筑评价达标、评分达标。

以BIM技术推进绿色施工，节约能源，降低资源消耗，减少污染。节能在绿色环保方面具体有两种体现：一是帮助建筑形成资源的循环使用，包括水能循环、风能流动、自然光能的照射，科学地根据不同功能、朝向和位置选择最适合的构造形式。二是实现建筑自身的减排。构建时，以信息化手段控制工程建设周期；运营时，不仅能够满足使用需求，还能保证最低的资源消耗。

2. 质量标准高

（1）项目成立创优小组，建立完善的质量体系，强化项目预控、过程控制。机电系统复杂，专业间协调配合要求高。

（2）工程基础梁高1400mm；施工时按大体积混凝土工程施工控制施工质量。底板大体积混凝土浇筑将采取"多站供应，统一调度"的方式进行，即根据一次混凝土连续浇筑量，选择多家混凝土供应商同时供应。优选混凝土浇筑方案，混凝土浇筑采取斜面分层浇筑方案。严格按照设计要求设置后浇带，并做好相关处理；后浇带混凝土采用强度高一级的补偿收缩混凝土，按照设计要求的时间浇筑，养护28天。做好后浇带、施工缝的处理，确保新旧混凝土接槎密实。

（3）在钢筋工程施工时，不但要采取有效措施保证钢筋的保护层厚度满足施工要求，而且要充分利用包括框架柱钢筋定距框、剪力墙定位筋、梯子筋等钢筋定位保证措施，保证钢筋定位准确，在混凝土浇筑过程中不产生位移。

（4）机电系统复杂，专业间协调配合要求高。利用BIM的三维技术在前期可以

实现建筑与结构、结构与暖通、机电安装以及设备等不同专业图纸之间的碰撞，进行碰撞检查，优化工程设计，减少在建筑施工阶段可能存在的错误损失和返工，而且优化净空，优化管线排布方案。

BIM的三维可视化功能再加上时间维度，可以进行虚拟施工。随时随地直观快速地将施工计划与实际进展进行对比，同时进行有效协同，施工方、监理方、分包方对工程项目的各种问题和情况了如指掌，大大减少返工和整改情况的发生。

机电专业与装饰专业吊顶标高的配合协调是工程施工中重点，由于吊顶内空间有限，机电管线较多，为保障装饰专业的吊顶标高，必须对吊顶内的管线设备精确定位。

3. 采用新技术、新材料、新工艺

工程采用了包括深基坑支护施工、大体积混凝土施工、高性能混凝土等在内的新技术、新工艺和新材料。积极推广应用新技术、新材料、新工艺，解决存在的各种问题。

整个新技术开发、应用过程遵循以下几条思路：

（1）技术经验总结工作贯穿于施工的全过程；

（2）已有技术的移植，多种技术的综合配置和利用，即综合技术的开发和应用；

（3）积极开发和推广应用施工的新工艺、新技术、新材料、新设备；

（4）加大总包管理和现代化管理的力度；

（5）通过发表论文，普及推广设计施工技术成果。

（二）工程人才需求

1. 项目经理（执行经理）

（1）认真执行党和国家、地方政府以及上级的有关方针政策、企业的各项规章制度，正确处理国家、企业、项目、个人四者之间的利益关系，搞好三项制度改革，以效益引导分配。

（2）根据工程总体计划，主持编制项目经理部的年、季、月、周生产计划，做到优化施工方案，合理编制作业计划，认真履行施工合同；同时组织分管领导编制好劳动力、材料、设备、构件、机具、周转料具、资金等使用计划，督促分管领导、业务部门按时签订同生产要素有关的人、财、物、生活服务供需合同，以保证工程正常施工，并严格执行合同。

（3）根据施工规范、规程、验收标准、施工图施工，组织落实质量责任制，严格按照质量体系运行，对施工全过程的各项质量活动进行检查控制，确保承建的工程达到业主的要求，并争创名牌精品。

（4）合理组织、科学管理项目内部生产要素，协调好与业主、设计单位、地方管理部门和分包单位等各方的关系，做好人、财、物的合理调配与供应，深入施工生产现场，及时解决施工中出现的问题，确保与企业法人代表（或委托人）签订的经营目标责任书全面完成。

（5）建立健全项目核算制度，加强工程预（决）算管理、强化工程成本管理工作，注重成本信息反馈，发现问题及时纠正，定期或不定期地开展经济活动分析。

（6）加强项目各项经济技术资料管理，及时办理各种签证，积极主动地向业主和其他有关单位办理经济索赔，主动参与经营造价的调整。

（7）负责办理工程预付款、进度款和工程结算的催收、清算工作；项目竣工核验办完交付使用手续后，组织项目有关人员清理，总结项目管理全套资料，配合上级单位对项目进行全面审计，并写出项目工作总结呈报上级单位。

2. 项目书记

（1）协助项目经理，负责项目公共关系处理，协调与街道、居委会、派出所、卫生、环卫等相关单位的关系。

（2）做好项目经理部后勤服务工作，负责项目保卫工作。

（3）负责项目经理部的对外宣传工作，按公司要求上报项目新闻、报道。

（4）负责项目经理部网络、视频监控系统运行维护。

3. 生产经理

（1）协助项目经理，对项目经理部的施工生产管理负全面责任，遵照施工规范、操作规程、验收标准、质量体系文件运行规定，组织按图施工，科学合理地指导编制作业计划，认真履行企业法人代表（或委托人）与业主签订的工程承包合同，做到重信守约、优质、高速、低耗、文明地完成施工任务。

（2）负责编制项目经理部的年、季、月、旬施工作业计划，审核单位工程从开工到竣工交验全过程中劳动力、材料、设备、构件、周转料具、小型机具等的平衡工作，督促按时签订相应的供需合同，保证工程施工的各项资源都能保质、保量、按时进入项目。

（3）主持召开项目生产调度会和重点部位、关键工序作业碰头会，经常检查重点工程、重点部位、关键工序的技术措施、质量、安全保证措施，项目质量保证计划的执行情况，协调解决好施工生产中存在的矛盾。

（4）根据施工中出现的问题，认真按施工过程控制程序文件规定处理，并按施工进度控制点，定期与不定期地对计划执行情况进行分析，发现差距和不足，及时调整予以完善，同时通过生产调度会或碰头会落实到综合工长、作业队组，以保证达到工期、质量、安全、文明施工和成本管理目标。

（5）组织开展文明施工的布置、检查、评定、奖罚全过程的管理，做到工完场清，降低工程成本，同时加强场容环境综合管理，做到安全生产。

（6）负责项目综合统计的管理工作，组织有关部门、统计人员学习统计法和上级的有关规定，使项目的各项统计报表、统计资料、统计分析达到准确、及时、全面、系统。

（7）负责项目经理部生产管理方面各项经济技术指标的分解、落实、兑现工作。

（8）协助项目经理完成项目竣工交验后的工程结算、资料汇总、项目总结工作，并配合好企业对项目的全面审计。

4．项目总工程师

（1）协助项目经理，对工程技术、质量体系文件运行、质量管理工作全面负责，同时也是质量管理的直接责任者。

（2）根据工程规模的划分和上级单位有关规定，主持编制项目经理部施工组织总设计，按上级单位文件中职责权限规定审核项目单位工程施工组织设计、审批项目专项技术方案、组织施工图自审、参与会审和重点工程、重点施工部位、关键工序及季节性施工方案的技术交底，并负责在施工过程中组织检查、控制、掌握系统性情况。

（3）主持工程技术人员学习和贯彻技术规范、操作规程、技术和质量标准及各项科技管理制度，并组织检查其执行情况，主持质量检查评审活动。

（4）负责组织制定提高工程质量和安全生产的技术措施，定期与不定期地组织检查，处理施工技术、质量问题，召开质量、安全事故分析会。

（5）经常深入施工现场指导施工，严格照图施工，保证建筑物在主体结构施工中按设计图纸标明的几何尺寸在规定误差范围之内，一旦发现问题及时研究处理，不得留给下道工序，必须保证主体结构工程质量达到"结构长城杯"要求。

（6）对工程技术管理工作中的质量、检验、试验、计量、测量及其使用的仪器、仪表的配备、运作、管理等负领导责任。

（7）负责施工过程中设计变更洽商的审签工作，组织竣工图、竣工技术资料的审核、移交、上报存档工作，并配合项目经理向企业呈报总结资料，积极参与项目审计工作。

5. 商务经理

（1）协助项目经理，对项目经理部的工程预（决）算、物资管理工作全面负责，并按党和国家、地方政府及上级领导单位发布的有关法规、制度要求，科学而有序地组织工程预（决）算、设计变更签证的编制及物资管理工作，做好预算或分阶段的施工预算，做好工料分析对比工作，使项目全体管理人员对计划收支情况全面了解，达到项目成本降低率管理目标。

（2）组织编制项目经理部年、季、月、旬主要原材料、油燃料、设备、构件、周转料具、小型机具等物资的需用计划，并督促部门按时签订相应的供需合同，保证平衡供应，并做好物资进入项目后的各项管理工作。

（3）认真执行机械设备、周转料具租赁、材料限额领发管理规定，降低物耗、修旧利废、节约资源、努力杜绝因物资计划、措施不当造成的原材料、半成品、设备等积压、浪费和现场车间操作过程中的原材料、配件、构件等的浪费。组织相关部门、人员分析超耗、浪费原因，追究有关责任部门经办人员的责任，按奖罚规定及时兑现。

（4）负责经营、物管等方面各项经济技术指标的分析、落实、兑现工作，并组织经营、物资部门对所辖范围内开展年、季、月经济活动分析和效益核实工作。

（5）负责项目经理部经营、物资、机械设备统计报表编制的指导、督促、检查工作，使项目报送出的报表数据、统计分析准确、及时、系统。

（6）认真组织项目经理部编制工程竣工决算、经济技术签证索赔资料，并积极配合企业对项目管理的全面审计，主动参与项目终期总结工作。

6. 机电经理

（1）对机电安装工程的施工生产、进度计划全面负责，确保机电安装工程施工顺利进行。

（2）对机电安装工程与其他各专业分包之间的施工生产进行协调。

（3）负责机电各专业施工之间，项目管理人员协调、调度贯彻施工组织设计，确保施工进度，及时解决施工生产中出现的各种问题。

（4）负责现场机电总协调，进行各项材料、机具等生产要素协调调配。

7. 质量总监

（1）协助项目经理进行工程质量管理，对项目的工程质量负直接管理责任。

（2）认真执行有关工程质量的各项法律法规、技术标准、规范及规章制度。

（3）保证项目质量保证体系的各项管理程序在项目施工过程中得到切实贯彻执行。

（4）根据单位及合同质量目标组织编制质量策划。

（5）组织项目的质量检查，对质量缺陷组织整改并向项目经理报告。

（6）组织项目的质量专题会议，研究解决出现的质量缺陷或质量通病。

（7）组织工程各阶段的验收工作。

（8）组织对项目部人员的质量教育，提高项目部全员的质量意识。

（9）及时向项目经理报告质量事故，负责工程质量事故的调查，并提出处理意见。

8. 安全总监

（1）对项目安全生产进行监督检查。

（2）认真执行安全生产规定，监督项目安全管理人员的配备和安全生产费用的落实。

（3）协助制定项目有关安全生产管理制度、生产安全事故应急预案。

（4）对危险源的识别进行审核，对项目安全生产监督管理进行总体策划并组织实施。

（5）参与编制项目安全设施和消防设施方案，合理布置现场安全警示标志。

（6）参加现场机械设备、安全设施、电力设施和消防设施的验收。

（7）组织定期安全生产检查，组织安全管理人员每天巡查，督促隐患整改。对存在重大安全隐患的分部分项工程，有权下达停工整改决定。

（8）落实员工安全教育、培训、持证上岗的相关规定，组织作业人员入场三级安全教育。

（9）发生事故应立即报告，并迅速参与抢救。

（10）归口管理有关安全资料。

9. 专业工长

负责分项工程施工生产的管理与协调，严格按照施工组织设计组织施工，编制分项工程作业指导书，做好分项工程隐检、预检记录，监督各工种进行三检；根据分项工程的总计划，编制月、周计划，控制各专业施工进度；监督各工种做到工完场清，监督施工中材料使用，对施工现场进行监控；协助安全环保管理部门对现场人员定期进行安全教育，并随时对现场的安全设施及防护进行检查，加强现场文明施工的管理。

10. 试验员

编制试验计划，试验器材购置计划，确定施工试验委托单位；具体负责工程施工过程中试验和计量，负责试验委托、试件送验、报告收集、整理、汇总、归档。同时是现场试验室管理者，负责现场试验室温度、湿度、大气温度实测和记录。

11. 质检员

编制项目"过程检验计划"，负责分解质量目标，制定质量创优实施计划，并监督实施情况；监督"三检制"与"样板制"的落实，参与分部分项工程的质量评定和验收，同时进行标识管理；不合格品控制及检验状态管理；组织、召集各阶段的质量验收工作，并做好资料申报填写工作；参与质量事故的调查、分析、处理，并跟踪检查，直至达到要求；按照ISO 9001质量管理体系标准进行质量记录文件的收集、整理和管理。

12. 安全员

贯彻安全生产法规标准，组织实施检查，督促各分包的月、周、日安全活动，并落实记录；负责现场安全保护、文明施工的预控管理；定期组织现场综合考评工作，填报汇集上报安全报表，并负责对综合考评结果的奖罚执行；负责安全资料整理，参加方案的编制工作，同时负责工程安全专项资料的填写及签字、归档；负责现场动火证的办理和管理工作，负责安全日常管理监督工作。

13. 材料员

按照质量管理体系要求对材料管理负责，负责进场材料的验收、标识、记录，严格履行物资复试、发放的流转程序，合理调配，减少材料的积压和浪费。

二、全过程咨询服务企业用人标准案例

本部分选取某国企全过程咨询服务的实际案例，案例项目规模为3栋建筑物，

项目改扩建及改造总建筑面积约2.3万平方米，其中改造建筑面积约1.8万平方米，改扩建建筑面积约0.5万平方米。通过展示案例的工作内容、服务目标以及对全过程咨询服务的人员配置和岗位职责要求，来展现新时代全过程咨询服务工作对创新人才的实际需求。

（一）服务项目要求

1. 工作范围

包括工程自准备期至竣工验收前的质量控制、进度控制、投资控制、合同管理、信息管理、工作协调、安全监理和环境监理实施全面管理；对缺陷责任期内施工承包人实施的本工程的未完成工作、缺陷修补与缺陷调查工作，提供监理服务。

2. 服务内容

（1）项目报批：协助建设单位办理施工所需手续；

（2）设计管理：包涵初步设计和施工图设计，含设备安装图纸；

（3）工程招标代理：完成本项目施工招标、材料和设备采购及相关服务等工作；

（4）工程监理：全过程监理主要包括施工准备阶段、施工阶段各工序、各部位的监理以及工程备案验收证书取得至签发缺陷责任终止证书和工程结算、审计的监理服务工作。对该工程投资控制、进度控制、质量控制、建设安全监管及文明施工的有效管理、组织协调相关单位间的工作关系，并进行工程合同管理和信息管理等方面工作；

（5）造价咨询：完成本项目工程量清单及招标控制价的编制、全过程造价控制、竣工结算、结算审核及提供工程造价方面的咨询服务；项目总监或总监代表组织监理工程师熟悉图纸及设计文件，发现问题以书面形式向建设单位提出，并参加由建设单位组织的设计交底会；

（6）审查签认施工组织设计及施工方案，并督促承包单位实施；

（7）检查签认建设单位、承包单位选定进场的原材料、构配件及设备质量，防止不合格品流入使用场所；

（8）对违反设计文件、规范、规程的承包单位或经检验不合格的工程质量，令其立即纠正，必要时下达《工程暂停令》；

（9）检查、督促承包单位建立、健全质保体系，完善施工技术管理制度，落实质量保证措施；核查分包单位资质和实际能力，查验现场管理及特殊作业人员资质及上岗证书；

（10）实施隐蔽工程和关键部位工程旁站监理，签认隐蔽工程及分项、分部工程的验收，未经签认不得进行下道工序；参加工程质量事故的评审处置，督促事故处置方案的实施和验收；

（11）承包单位使用新材料、新产品，须对产品的鉴定证明质量标准、使用说明和工艺要求进行审查认可；督促、检查承包单位按照工期控制点要求，组织资源投入，均衡组织生产；

（12）发现施工过程中安全生产和文明施工有不符合要求的，书面通知承包单位进行整改；

（13）复核、签认已完工程量，办理《工程款支付证书》，未经监理工程师签认质量合格的工程，不计入已完工程量；

（14）对装修整修工程进行质量评估；组织承包单位等有关单位进行工程预验收，提出工程预验收报告；

（15）收集、整理、归档监理资料，检查承包单位工程技术资料的真实性，达到《建设工程文件归档整理规范》及地方政府档案管理规定的要求；

（16）主持工地协调会议，做好与承包单位、建设单位、设计单位等有关方面的协调与沟通工作；依照公司质量管理体系文件要求，完善项目管理体系，提高监理管理水平，不断改进监理服务质量；

（17）及时编制报送监理实施细则、监理月报、专题报告，监理总结等有关文件；

（18）审查和监督承包单位保证进度的具体措施和计划，如发生延误，及时分析原因、采取对策，并报告建设单位；监督承包单位严格按照施工合同规定的工期组织施工；

（19）建立工程进度台账，核对工程形象进度，通过监理月报或专题报告向业主报告施工进度计划执行情况及存在问题；审核承包单位申报的月度计量报表，核对工程量并按合同规定签发《工程款支付证书》；

（20）建立工程款支付台账，定期与承包单位核对清算；按业主授权和施工合同的约定审核设计变更文件；

（21）督促承包单位及时整理工程竣工验收资料，受理单位工程竣工预验收报审表；

（22）组织工程预验收，提出预验收报告，同时提出监理质量评估报告；

（23）参加工程竣工验收，签署工程验收有关文件。

3．服务目标

（1）质量控制目标：工程质量按《工程质量检验评定标准》达到竣工验收合格标准。以施工承包合同约定的质量目标，制定分项、分部工程质量分解目标，以检验批质量保分项工程质量，以分项工程质量保分部工程质量。监督承包单位执行"三检制""样板制"等行之有效的管理制度抓住关键部位严格按照质量设计的要求进行控制。工程质量要符合设计图纸和现行有关规范的要求，并实现施工合同中约定的质量目标。

（2）进度控制目标：按施工承发包合同工期及委托方的施工进度安排执行。即根据施工承包合同确定的工期目标，在保证工程质量和施工安全的前提下，通过对关键线路上承包单位的施工控制点、分包工程控制点、供货控制点的管理，使各个环节有机结合并保证施工总进度计划有序进行，并监督承包单位共同实现工程施工合同中约定的工期目标。

（3）投资控制目标：降低投资的同时严格控制工程变更，实现对投资额的有效控制。在确保工程建设投资意图和使用功能基础上，通过投资目标分解，预测工程风险，制定防范对策。控制执行年、季、月度资金使用计划；通过过程计量、支付控制、索赔控制及竣工决算环节的严格把关，使单项工程费用不超过预算，将造价目标控制在工程施工合同约定的范围内，公正、合理地处理由于工程洽商、合同变更和违约索赔引起的费用增减。

（4）合同管理目标：认真贯彻施工承包合同和监理委托合同，站在公正的立场上，充分发挥监理的控制作用与第三方的特殊地位，注意协调好业主、承包商及各协作部门的关系。管理好合同，规范约束合同各方的行为，提高管理水平。

（5）信息管理目标：确保工程信息沟通渠道畅通，保证工程各参建方能够及时、准确地获取所需工程信息资料。确保工程各参与方按照工程资料管理规程和其他有关工程资料管理的规范、标准要求，及时填写、报送分发、审批、整理归档有关工程资料，保证工程文件资料档案齐全、完整、符合要求。

（6）安全及文明施工管理目标：确保本项目施工过程中无较大安全事故，达到文明施工工地标准。确保施工过程中不发生重大伤亡事故和火灾事故，达到建设行政主管部门要求的安全文明工地的标准和要求，创建安全文明建设工作环境。

（7）组织协调措施目标：保证工程建设各参与方围绕工程建设中心，协调一致，密切配合，整个工程有关工作自始至终顺利进行。

（8）廉政建设目标：讲诚信、杜绝腐败，提倡阳光监理，有效规避违法、违纪现象。

（9）服务目标：咨询服务管理履约率100%；工程合格率100%；顾客重大投诉为零；监理资料准确、完备、及时。

（二）组织形式、人员配备及进场计划、管理人员岗位职责

1. 组织形式

公司委派国家注册监理工程师为工程项目总咨询师，指派人员组成驻工地项目管理部。

2. 人员配备及进场计划（表4-1）

人员配备情况表　　　　　表4-1

职务名称	人数	技术职称	专业
总咨询师	1	高级工程师	房屋建筑、市政公用工程
监理工程师	3	监理员	建筑
造价工程师	2	造价师	全专业
全过程管理	1	高级工程师	土木工程

进场计划：结合该项工程的实际进展情况，以满足全过程咨询服务要求为准，相应专业配套的管理人员逐步进场。

3. 人员岗位职责

（1）总咨询工程师岗位职责

确定项目管理机构人员及其岗位职责。对建设工程委托合同的实施负全面责任。根据工程进展及全过程咨询服务情况调配管理人员，检查人员工作。组织编制服务大纲，审批监理实施细则。组织审核分包单位资格。调解建设单位和施工单位

的合同争议，处理工程索赔。参加危险性较大的分部分项工程的专家论证会。组织审查施工组织设计、（专项）施工方案。

（2）项目负责人岗位职责

全面负责安全全过程咨询服务，参与工程质量、安全事故的调查处理，出现重大质量、安全事故时督促承包单位按规定上报有关部门。编写月报、全过程咨询服务总结，组织收集、整理监理资料。组织整理工程项目管理资料，指定人员负责记录工程项目日志、安全日志。履行建设工程安全生产管理的法定职责。组织召开例会。负责管理项目部的日常工作，并定期向公司、总咨询师汇报工作。编制服务大纲。组织协调项目日常管理工作。

（3）总监理工程师岗位职责

组织检查施工单位现场质量、安全生产管理体系的建立及运行情况。组织审核施工单位的付款申请，签发工程款支付证书、组织人员审核竣工结算。组织审查和处理工程变更。组织监理例会。审查工程开复工报审表、签发工程开工令、暂停令和复工令。组织分部工程验收，组织审查单位工程质量检验资料。审查施工单位的竣工申请，组织工程竣工预验收，组织编写工程质量评估报告，参与工程竣工验收。

（4）专业监理工程师岗位职责

参与编制服务大纲，负责编制本专业或本岗位监理实施细则，参与编写安全监理实施细则。审查施工单位提交的涉及本专业的报审文件，并向总监理工程师报告。参与审核分包单位资格。指导、检查监理员工作，定期向总监理工程师报告本专业全过程咨询服务实施情况。检查进场的工程材料、构配件、设备的质量。验收检验批、隐蔽工程、分项工程，参与验收分部、子分部工程。巡视检查现场施工质量和安全文明施工情况。处置发现的质量问题和安全事故隐患。进行工程计量，参与工程变更的审查和处理。编写监理日志，参与编写监理月报。收集、汇总、参与整理监理文件资料。对工程进行巡视、旁站、平行检验或见证取样。负责审核施工组织设计施工方案中的本专业部分，危险性较大的分部分项工程要审核其专项施工方案。负责审核承包单位提交的涉及本专业的计划、方案、申请、变更，并向总监理工程师提出报告。负责本专业全过程咨询服务的实施并做监理日记。参加本专业安全防护设施检查验收并在相应表格上签署意见。参与工程预验收和竣工验收。

（5）设计负责人岗位职责

设计负责人负责组织完成项目的工程勘测、设计工作，全面保证勘测、设计的进度、质量和费用控制。为加强工程管理，确保工程按质按期完成，并最大限度地降低工程成本，节约投资，实现工程总目标。设计负责人在项目经理的领导下，主要负责组织进行工程投标方案设计、方案效果图设计、工程施工图设计、工程设计交底、施工现场设计配合、变更洽商设计调整、绘制竣工图工作的全面管理及与各相关部门的协调配合，从而保证工程总目标的实现。认真贯彻执行公司的各项管理规章制度，逐级建立健全设计部各项管理规章制度。掌握国家有关建筑工程设计法律法规、设计规范标准、施工工艺规程、工程强制性条文等工程设计、施工方面政策文件，确保工程设计不出现违反国家相关政策法规的情况。设计方案及图纸会审过程中，要把握好装饰专业与土建专业及其他相关设备专业之间的专业结合问题，以建设单位的经济利益为重点，坚持原则，通过会审对开发项目进行前期跟踪，根据国家有关建筑工程设计法律法规、设计规范标准、招标文件内容及现场实地勘察结果组织进行工程投标方案设计及方案效果图设计。深入施工现场检查修正施工图纸中存在的设计问题及工程施工中出现的有关设计问题，组织处理施工中有关设计方面的问题并办理相关的设计变更洽商手续，完成领导交办的其他工作。

（6）造价工程师岗位职责

负责审查本项目工程计量和造价管理工作。执行公司制定的工程造价管理制度和办法，正确执行和运用定额标准，并能够及时反映有关情况。负责编制、审查招标清单、控制价文件，审核施工单位上报图纸会审、变更、洽商、签证、索赔等预算文件，审核工程竣工结算。审查工程进度款，提出审核意见。承担工程成本定期分析工作，并提出相应的改进措施和意见。审查合理化建议的费用节省情况，审核承建商工程进度用款和材料采购用款计划，严格控制投资。对有争议的计量计价问题提出处理意见，提出索赔处理意见，对因工程变更产生的投资的影响提出意见。协助工程经济咨询工作。承担上级交办的其他工作。

（7）招标代理负责人岗位职责

负责代理项目摇号、项目洽谈、领取招标资料、拟定招标方案、签订招标代理合同。负责招标文件、招标公告、招标邀请书、资格预审文件的起草、审核和报送备案工作。负责审查投标申请与投标人资格，发放资审结果通知书。负责组织投标人查勘现场和招标文件答疑，组织开标活动。负责组织评标会议，协助招标人依法组织评标委员会，协助评委对投标文件进行评审，协助招标人依据评委的评标报告，依法确定中标人。负责中标公示的起草、审核和中标通知书的发送。负责招投标资料汇总，编制招标代理书面报告；负责收取招标代理服务费用。按规定完成项目代理档案、资料、文件的整理、装订提交公司归档工作。完成领导交办的其他工作。

第三节　建筑类专业简介

建筑行业创新人才需求方向，反映在高校人才培养上就是建筑类专业的设置。建筑类专业是国家现代化和城镇化进程重要的支撑专业，旨在建设美好的人居环境。建筑类专业分狭义和广义两个类别，狭义上的建筑类专业是对建筑设计和建造相关的艺术和技术的综合研究，广义上的建筑类专业是研究建筑及其环境的学科。本书中的建筑类专业特指广义上的建筑类专业。

1. 建筑学

建筑学专业，本科学制5年，授予建筑学学士学位。主要课程分为理论与设计和专业实践两个部分。理论与设计环节有建筑学概论、公共建筑设计原理、建筑制图、美术、设计初步、建筑设计、建筑构造、建筑结构、建筑物理环境、建筑设备系统、建筑师业务基础、环境心理学、数字化设计、绿色建筑设计、中国建筑史、外国建筑史等课程；专业实践环节有美术实习、建筑力学实习、模型与工艺、建筑构造实习、建筑师业务实习、厅堂音质设计实习、设计创新科技活动等系列实习类课程。

就业去向：主要在城乡建设系统从事建筑与城市设计、历史建筑保护、绿色节能技术和虚拟仿真数字化等方向的设计、科研、开发与管理工作。

建筑学是工程技术和人文艺术相融，理性与感性交织的专业。要求学生们充满想象力的艺术创造素养，储备丰厚的严谨扎实的工程技术知识。建筑学专业需要将文化传承自觉意识与技术创新主动精神融入建筑师职业素质培养全过程，培养具有高度责任感、实践能力、创新精神和国际视野的城乡建设领域高级专业骨干和领军人才。

2. 城乡规划

城乡规划，本科学制五年，授予工学学士学位。主要课程包括设计初步、建筑设计、城乡规划设计、数字化设计、美术、城乡规划原理、城乡规划概论、规划师业务基础、中外城市建筑史、城市地理学、城市社会学、城市生态学、城市经济学、城市交通工程、城市市政工程等专业课程。

就业去向：主要在城乡建设系统中从事国土空间规划、区域发展战略、城乡规划与设计、村镇规划与设计、历史文化遗产保护规划等方面的规划设计、科研、开发与管理。

城乡规划学是一门综合性强、交叉性强、空间性强、成长性强、延续性强的学科，是关于未来的学科，与其他许多实证科学不同，城乡规划学基于过去和现在，运用科学、艺术、技术的结合来描绘城乡人居环境的未来，为统筹安排城乡发展建设空间布局、保护生态和自然环境、合理利用自然资源、维护社会公正与公平提供重要依据。城乡规划专业培养适应国家与社会城乡建设发展需要，具备坚实的城乡规划设计基础理论知识与应用实践能力，富有社会责任感、团队精神和创新思维，具有国际视野和可持续发展理念，尊重地方历史文化，能在专业规划设计机构、管理机构、研究机构从事城乡规划设计及其相关的开发与管理、教学与研究等方面工作的城乡规划复合型高级人才。

3. 风景园林

风景园林，本科学制五年（部分学校为四年），授予工学学士学位。主要课程以风景园林学课程为主体，兼修建筑学、城乡规划、环境设计等相关学科课程。核心课程包括风景园林规划设计原理、风景园林历史理论、风景园林规划设计、风景园林植物应用、生态学基础、风景园林工程与管理等。

就业去向：学生毕业后可在景观设计、园林绿化、城乡规划、市政交通、遗产保护、教育科研、政府部门等机构从事城市绿地公园、开放空间、生态环境规划、城市设计、自然保护等具体领域的规划、设计、施工、养护、管理及教学科研等工作。

风景园林学是关于土地和户外空间设计的科学和艺术，是一门建立在广泛的自然科学和人文艺术学科基础上的应用学科，根本使命是通过保护、规划、设计、建设、管理等方式协调人和自然之间的关系，是落实生态文明、美丽中国，创造美好人居环境的重要专业。风景园林专业要求学生具有国际视野，专业素质硬，综合能力强，掌握相关的科学和工程技术知识，并有一定艺术修养，通过系统学习社会、经济、文化、艺术、生态和工程技术等知识，掌握人与自然关系的规律，更好地建设理想环境。该专业需要培养风景园林规划、设计、施工、管理、决策等领域的创新型人才。

4. 历史建筑保护工程

历史建筑保护工程，本科学制四年，授予工学学士学位。教学内容涉及文化遗产保护、历史建筑保护利用、城乡区域振兴发展规划等当代新兴方向和前沿领域，是我国建筑与城市建设发展中的急需专业。主干课程包括理论、设计和技术三大课群。其中理论类课程群包括原理概述类课程、城市与建筑历史类课程、建筑遗产保护理论类课程、建筑遗产保护相关的法律法规课程。技术类课程群主要包括建筑技术类课程、勘察测绘技术类课程、保护利用技术课程、数字化保护技术课程。设计类课程群以历史建筑为载体，同步学习建筑学和建筑遗产保护的相关知识。

就业去向：文物部门的文化遗产研究和设计机构、各级政府的规划建设部门、国内外各类规划、建筑、景观等设计机构等。

历史建筑保护工程是以建筑学为基础，跨人文历史和工程技术学科领域，研究建筑遗产保护的理论、方法与技术的新兴专业，具有很强的实践应用性和交叉综合性。该专业旨在培养既具备建筑学专业基本知识和技能，又系统掌握遗产保护的理论体系与应用方法，以文化传承和技术创新为支撑的建筑遗产保护、利用、传承研究的人才，兼具国际视野和创新思维的专业引领者和未来开拓者，承担文化强国、民族复兴重任。

5. 环境设计

环境设计，本科学制四年，授予艺术学学士学位。课程以室内设计为主干，形成以室内外环境一体化设计能力培养为核心的课程体系，包括设计历史与理论系列课程（含设计概论、中外设计史、室内设计原理、人体工程学等）、环境技术类系列课程（含环境技术概论、材料与构造、测量学等）、环境设计及原理系列课程（含居住空间设计及理论、办公商业空间设计及理论、文博展示空间设计及理论、综合公共空间设计及理论等）、传统技艺与现代设计系列课程（含传统营造专题、传统装饰设计、历史建筑装饰测绘、传统技艺与现代设计、传统营造实习、中华传统技艺传承与保护专题等）、设计类课程（含家具设计、陈设艺术设计、视觉传达设计、公共艺术设计等）等环境设计课程体系。

就业方向：就业于室内外设计、展示设计、家具与陈设设计、文化遗产保护与创新设计等方向的单位。

环境设计是一门以建筑知识为基础，融合室内、产品、平面设计的学科。该专业培养具有传统文化艺术素养和现代工程技术知识，能在环境设计机构从事室内外环境一体化设计，具备一定创新研究能力的高素质环境设计实践型和创新型人才。环境设计的多领域探索和实践，需要毕业生具备多角度思辨的能力，捕捉人和设计之间的关系。

6. 智能建造

智能建造，本科学制四年，授予工学学士学位。主要课程除学习混凝土结构设计原理、钢结构设计原理等土木工程主干课程外，还学习智能建造概论、新型工程材料、土木工程智能施工、工程项目智慧管理、编程语言与数据库、数字测量、大数据与云计算、建筑物联网技术、智能3D打印技术、虚拟现实技术（VR）等交叉学科课程。

就业去向：在建设行业从事土木工程领域的协同化设计、智能化施工、智慧化管理等工作，也可在相关高科技企业从事专业研发工作。

智能建造专业培养学生获得土木工程设计协同化、大型结构建造智能化、工程建设管理智慧化等智能建造工程师的卓越素质和技能，成为具备继续学习能力、创新意识、组织管理能力与国际视野的复合型高级工程技术人才。

7. 土木工程

土木工程，本科学制四年，授予工学学士学位。主要课程包括自然科学、人文社科、外语及计算机应用等基础课，学科基础课和专业课有材料力学、结构力学、测量学、土木工程材料、房屋建筑学、荷载与结构设计方法、土力学、基础工程学、混凝土结构原理、钢结构原理、土木工程施工、地下结构设计、路基工程、道路勘测设计、桥梁工程学、建筑抗震设计、高层建筑结构、城市轨道工程规划设计、工程概预算、建设项目管理等。

就业去向：可就业于建筑工程、地下建筑工程、道路与桥梁工程、城市轨道工程等领域的工程规划、勘察、设计、施工等企业的技术和管理部门，各级政府部门或事业单位的相关管理部门，以及金融投资、工程建设开发、建设监理、工程保险、工程咨询等各类机构。从事工程投资、规划、设计、勘察、科学研究以及施工技术开发、施工管理、工程检测、工程质量评估、建设监理、工程专业教育、工程保险、公用事业管理等方面的工作。

土木工程专业培养具有宽厚基础知识、较好人文素养、较强工程实践和可持续学习能力及国际化视野的复合型工程技术创新人才。毕业生经过工程实践与创新能力基本训练，具有综合运用所学知识进行土木工程设计、施工、管理、技术开发的能力，具备初步的科学研究能力，具有较好的组织管理、环境适应、交流沟通、团队合作能力，能从事土木工程领域的工程勘察、设计、施工、管理、检测评估、维修加固、技术开发、科学研究等工作。

8. 交通工程

交通工程，本科学制四年，授予工学学士学位。主干课程包括交通工程导论、交通规划、运筹学、交通调查与分析、交通电子技术基础、道路勘测设计、交通运输系统工程、城市规划原理、交通信息与控制技术基础、交通工程设计、道路通行能力分析、城市公共交通、道路交通安全、停车场规划设计、交通枢纽、城市轨道交通概论、智能交通系统等；交叉创新课程包括数据库原理与应用、交通信息检测与处理、交通与环境、现代物流管理。

就业去向：交通规划与设计部门、交通运输管理部门、公安交通管理部门、公共交通部门、城市规划与建设部门、智能交通企业等从事交通规划、设计、建设、运营、管理等工作。

交通工程是把人、车、路、环境及能源作为统一体进行研究的一个正在发展的学科。该专业培养富有工程设计和创新实践能力，系统掌握交通工程基础理论、专业知识、工程技能和创新方法的高素质创新人才。毕业生具有较强的数学、自然科学、外语、计算机能力，以及良好的团队合作与沟通能力，了解工程、社会、环境、科技前沿知识和专业发展趋势，能够在交通运输领域从事规划设计、工程建设、技术开发、运营组织和经营管理等工作。

9. 测绘工程

测绘工程，本科学制四年，授予工学学士学位。主要课程包括数字地形测量学、大地测量学基础、误差理论与测量平差基础、GNSS原理及其应用、工程测量学、地图学、地理信息系统原理、摄影测量学、遥感原理与应用、变形监测与灾害预报、激光雷达测量技术与应用等。

就业去向：可在住建、国土、规划、城勘、不动产、环保、城市应急管理、交通管理、历史文化遗产保护以及国防等行业领域从事生产、科研与管理工作。

测绘工程专业培养能胜任城市基础测绘，能解决城市复杂工程环境下的测绘问题，能服务城市精细化管理、古建筑保护、复杂结构精密测量等方面的测绘专业人才。

10. 给排水科学与工程

给排水科学与工程，本科学制四年，授予工学学士学位。主干课程有化学、水力学、水处理生物学、给水排水管道系统、水质工程学、建筑给排水工程、水工程施工与管理、水资源利用与保护、水工程经济和法规、城镇防洪与雨水管理、城市水务运营与管理、水环境监测与评价等课程，以及相应的课程设计、实习和毕业设计等实践性教学环节。

就业去向：可就业于城市市政工程、给排水工程、环境保护工程、水资源开发利用等领域的工程规划、设计、施工、咨询、建设、运行管理等企事业和政府机关管理机构，以及工程投资、咨询、开发、建设、监理、工程保险等各类机构；毕业生还能够从事技术与产品研发、科学研究等方面的工作。

给排水科学与工程是综合运用科学研究、工程设计和管理规划手段研究水的社会循环的一门学科，主要涉及城市水的输送、净化及水资源保护与利用。该专业以城市水系统的科学与工程问题为研究对象，水质水量并重，以水力学、化学、生物学为学科基础，以城镇和工业为服务对象，培养适应我国社会现代化建设需要，德、智、体、美、劳全面发展，具有高度的社会责任感和职业道德，具备扎实的自然科学与人文社会科学基础，具有创新意识、国际竞争力和可持续发展能力，掌握给排水科学与工程专业的理论和知识，获得工程师的基本训练，具备较强研究开发能力，具有突出的实践能力、沟通能力和社会适应能力的复合型高素质创新人才。

11. 建筑环境与能源应用工程

建筑环境与能源应用工程，本科学制四年，授予工学学士学位。主要课程包括工程热力学、传热学、流体力学与流体机械、建筑环境学、热质交换原理与设备、暖通空调、建筑冷热源与区域能源系统、燃气供应、暖通空调检测与控制。

就业方向：主要从事绿色建筑与建筑节能减排领域的相关工作，涉及供暖、通风、空调、燃气输配等工程的设计、研发以及运营。毕业生可到设计单位从事工业与民用建筑的区域供能系统、暖通空调系统、楼宇自动控制系统、室内给排水系统、消防系统的设计以及建筑节能评估和诊断工作，也可到建筑节能咨询公司、房地产开发公司、建设企业及物业管理公司等单位从事大型制冷、供热、通风、空调、楼宇智能控制工程以及分布式能源供应系统的规划、研发、设计、施工、咨询及运营等管理工作。

建筑环境与能源应用工程专业培养适应新时代中国特色社会主义现代化建设需要，具备良好的自然科学与人文社会素养以及计算机、外语和现代工具应用能力，掌握建筑环境与能源应用工程基础理论和专业知识，获得工程师基本训练，并具有社会责任感、实践能力、创新精神和国际视野的复合型高级技术人才。毕业生能在设计研究、工程建设、设备制造、运营管理、技术咨询等企事业单位从事采暖、通风、空调、净化、冷热源、供热、可再生能源利用、建筑智能化等相关的规划设计、研发制造、施工安装、运行管理及系统保障等技术或管理岗位工作。

12. 环境工程

环境工程，本科学制四年，授予工学学士学位。主要课程包括流体力学、城市水文学、环境监测、环境工程微生物学、水污染控制工程、大气污染控制工程、固体废物处理与处置、环境规划与管理、环境影响评价等，以及城市雨水工程等专业课。主要实践环节有环境工程实验、水污染控制课程设计、大气污染控制课程设计、城市雨水工程课程设计、生产实习、毕业实习、毕业设计等。

就业去向：在政府环境保护相关单位、规划设计与施工单位、环保企业以及科研院所等单位就职，从事环境工程及相关专业规划、设计、施工、研发、教育和管理工作。

环境工程是一门综合应用自然科学、社会科学原理和工程技术手段协调环境与发展，保护和改善环境质量的交叉学科。该专业培养具有较强社会责任感，有良好的实践能力、创新能力和国际视野，掌握环境工程的基础理论和实践方法，了解环境工程领域发展前沿及动态，具有环境污染防治工程规划与设计能力、施工及运营管理能力、环境监测与评价能力，具有良好的职业道德、人际交往及团队合作能力，能够综合运用环境工程及相关学科理论和专业知识，可在设计单位、科研单位、学校、工矿企业、政府部门等从事规划、设计、研发、教育和管理等工作的应用型高级技术人才。

13. 电气工程及其自动化

电气工程及其自动化，本科学制四年，授予工学学士学位。主要课程包括电路原理、模拟电子技术、数字电子技术、电力系统分析、供配电系统、防雷接地技术、继电保护与配电自动化、电力电子技术、电力拖动控制系统、电梯控制技术、建筑电气新技术、供电照明课程设计、电力系统综合实训、电气传动综合实训、施工管理与概预算实训等。

就业去向：可在设计院所、高等院校、科研机构及工程公司等企事业单位从事建筑电气及自动化相关的工程设计、施工、管理、科学研究和教学工作。

电气工程及其自动化专业主要研究电能的产生、传输、转换、控制、储存和利用。该专业面向城市电网，依托高新技术，培养具有一定理论基础和较强创新能力、擅于解决工程实际问题、能够从事电气工程及其自动化领域相关的工程设计、生产制造、系统运行、技术开发、教育科研、经济管理等方面的复合型工程技术人才。

14. 自动化

自动化，本科学制四年，授予工学学士学位。主要课程包括电路原理、模拟与数字电子技术、信号与系统、自动控制原理、现代控制理论、检测技术与过程控制、运动控制系统、单片机原理及应用、电气控制与可编程控制器、面向对象的程序设计、计算机控制技术、建筑智能化系统、人工智能基础、机器人控制技术等。

就业去向：主要在与自动控制、机器人控制、信息技术相关的各行业以及智慧城市和建筑领域（机关事业、企业、科研院所等）从事研究、设计、开发和管理工作。

自动化专业以建筑为依托，以控制理论和智能科学为基础，以电子技术、检测技术、计算机技术、人工智能技术、机器人控制技术等为主要工具，强弱电兼顾，软硬件结合，为国家智慧城市及智能建筑领域培养具备创新意识、工程实践能力、团队合作精神的复合型、特色型高级工程人才和管理人才。

15. 建筑电气与智能化

建筑电气与智能化，本科学制四年，授予工学学士学位。主要课程包括电力系统基础、建筑供配电与电气安全、建筑照明、建筑节能技术；建筑物联网技术、智能建筑环境学、建筑电气控制技术、建筑物信息设施系统、公共安全技术、建筑设备自动化系统；BIM技术与应用、建筑电气CAD、智能建筑应用软件开发、人工智能导论、Python程序设计等。

就业去向：可在建筑行业工程单位、设计院所、施工企业、高等院校、科研机构等企事业单位从事相关的工程设计、技术开发、施工管理、科学研究和教学工作。

建筑电气与智能化专业面向行业未来，培养学生从事工业与民用建筑电气及智能化技术相关的工程设计、工程建设与管理、系统集成、信息处理等工作，并具有建筑电气与智能化技术应用研究和开发的初步能力，培养具有创新精神和工程能力的高素质应用型人才。

16. 工程管理

工程管理，本科学制四年，授予管理学学士学位。主干专业课程设有工程结构、工程施工、房屋建筑学、工程经济学、建筑与装饰工程估价、工程项目管理、BIM技术与应用、工程管理信息系统、工程招投标与合同管理、项目投资与融资等；课内实践环节有测量实习、工程结构设计、工程造价设计、工程项目管理课程设计、建筑与装饰工程估价课程设计、BIM技术与应用课程设计和工程造价软件实训等。

就业去向：可在建设行政主管部门及相关事业单位就业，也可以在设计单位、工程施工、建设监理、房地产开发经营、物业管理、工程咨询、金融等相关企业就业，从事工程项目全过程管理、投资控制、质量控制、合同管理、造价编制审核、投资分析与决策、工程建设法律服务、房地产开发经营、项目融资、房地产估价、物业管理等工作。

工程管理专业作为工程技术与管理科学的交叉性学科，培养适应经济社会与行业发展，掌握工程技术和信息技术及工程相关的管理、经济和法律等基本知识，获得工程管理基本训练，具备较高的专业综合素质和较强的项目管理能力、经济分析能力以及合同管理能力，具有职业道德、创新精神和国际视野，能够在建筑和土木工程领域从事全寿命周期工程管理的复合创新型人才。

17. 工程造价

工程造价，本科学制四年，授予管理学学士学位。主要课程设有工程结构、房屋建筑学、工程经济学、工程项目管理、建筑与装饰工程估价、安装工程估价、招投标与合同管理、工程造价管理、BIM技术与应用等专业主干理论课程。设有房屋建筑学课程设计、工程经济学课程设计、工程项目管理课程设计、建筑与装饰工程估价课程设计、安装工程估价课程设计、基于BIM的工程造价软件实训、工程招投标模拟、工程造价管理综合实践等实践教学环节。

　　就业去向：可在工程施工、建设监理、工程咨询、房地产开发经营等行政主管部门和相关企事业单位，从事工程计量与计价、工程成本规划与控制、工程招投标与合同管理、工程审计、工程投资分析与决策等工作。

　　工程造价专业是以经济学、管理学为理论基础，从建筑工程管理专业上发展起来的新兴学科。该专业旨在培养适应社会主义现代化建设需要，掌握土木工程与工程造价相关基本理论和基础知识，具备较强的工程造价管理能力、经济分析能力、合同管理能力以及成本控制能力，能够在国内外工程建设领域从事工程决策分析与经济评价、工程建设全过程造价管理与咨询、工程合同管理、工程造价鉴定、工程审计等方面的工作的复合创新型人才。

第五章

建筑类专业大学生就业现状

第一节　就业现状

2022年，我国高校毕业生首次突破1000万大关，刷新历史纪录，00后成为毕业生主力军。智联招聘发布《2022大学生就业力调研报告》，调研时间为2022年3月中旬至4月中旬，围绕就业去向、就业期待、求职心态与行为、求职进展等维度，反映不同学历、专业、毕业院校学子的就业现状，为毕业生寻找理想工作、企业寻求合适人才提供参考。

一、求职渠道多元化

随着移动互联网的快速发展，高校毕业生除了传统的双选会、招聘会之外，网络招聘成为毕业生求职的重要渠道。尤其是受疫情影响，很多高校将招聘主阵地由线下转移到线上。教育部也全面升级建成"国家24365大学生就业服务平台"，平台多次举办线上招聘会，提供岗位信息。同时，教育部要求各地统筹开展线上线下各类招聘活动，保持校园招聘热度。招聘渠道快速走向网络化、多元化。

00后出生于科技迅猛发展的时代，他们是网络的"土著族"，更倾向于网上求职。微信推送招聘信息、制作电子简历、微视求职、网络视频面试和电视求职节目等广泛受到00后大学毕业生的喜爱。各种线上招聘的App也如雨后春笋般出现。大学毕业生可以选择在网上求职，不用出门"一键"投递简历即可。

与此同时，受疫情影响，近两年参与线下校招的企业数量呈下降趋势，更多企业选择网络化方式。较之以前的传统校招，每次参加校招的企业近千家，受场地有限，很多企业无法获得校招机会。近两年参与传统校招的企业减少，很多企业采取网络招聘收集简历。而网络招聘利用招聘网站费用相对较低、没有时间和空间限制、信息覆盖面广的优势，同时网站提供的各种工具降低简历筛选难度，加快了处理简历的速度。而且网络招聘可以利用微信及时与求职者沟通，以社交方式拉进与求职者距离。企业在微信中更好掌握主动权，降低广告成本，塑造良好企业品牌形象。随着短视频行业的快速发展，"直播招聘"也逐渐成为大学毕业生就业的渠道之一。"直播"可以多维度展示、讲解职位及企业信息，形式新颖且节奏快，吸引流量、效率高，很受年轻人的青睐。当然有些企业还会通过"代理招聘"选拔毕业生，代理招聘公司从业经验丰富，可以为企业提供定制化招聘方案，快速满足用工需求，降低招聘成本。

总之，招聘渠道多元化的时代，需要企业运用创新思维，整合构建企业立体的招聘渠道体系，打好招聘渠道的"组合拳"，提高招聘效率。对于大学毕业生，也同样要有创新思维，与时代同步伐，找准目标定位，做好职业选择。

二、就业期望更加理性

根据智联招聘发布的《2022大学生就业力调研报告》显示，这届毕业生很务实，已经主动降低就业期待。55%的毕业生因经济环境等外部因素影响降低期望，仅有27.2%的毕业生期望升高。65%毕业生就业期望的调整受"求职竞争情况"影响，而分别有57.1%、49.4%的毕业生受"国内经济形势""产业发展情况"影响。可见，对经济和就业市场面临的压力，大部分毕业生有了理性预期。

2022届求职毕业生平均期望月薪6295元，比去年下降约6%。其中，4000元以下期望月薪的占比12.8%，高于2021年的8.9%；6000元以上期望月薪的占比44.6%，低于2021年的50.8%。无论从平均值，还是分段薪酬来看，本届毕业生降低月薪期望值都具有普遍性，这也表明毕业生愿意降低薪资要求以适应就业市场。

求稳心态有增无减，毕业生对国企热衷度持续上升。对于偏好的就业企业类型，国企仍是毕业生首选，占比44.4%，高于2021年的42.5%。选择民营企业的占比17.4%，比2021年的19%继续下降。国企热、考公潮升温，民企热度降低，共同折射出本届毕业生在选择工作上的求稳心态加剧。此外，可能也与当前国企面向大学生的扩招有关。

更多毕业生愿意去小微企业就业。2022届毕业生中，有45.1%青睐规模在500～9999人的中型企业，占比最高，并高于2021年的44%。同时，毕业生对小微企业的选择增多，2022年选择微型企业、小型企业的毕业生占比3.6%、34.4%，高于2021年的1.8%、28.7%，这正是就业压力加大下的务实选择，与期望月薪下降表现一致。[①]这对小微企业来说，也是储备新生力量的好时机。随着政府持续纾困小微企业，度过困难期后的小微企业也将收获更多人才。

毕业生对IT互联网、房地产行业的热度微降。2022届毕业生期望去IT/通信/电子/互联网、房地产/建筑业行业就业的比例分别为24.1%、8.8%，比去年分别降低1.3%、2.1%。随着去年以来互联网、房地产行业发展放缓，招聘规模增速放缓或有所收缩，毕业生也应势调整就业期望，降低了对这两个行业的选择。

三、建筑业从业人数逐渐减少

中国建筑业协会发布的《2021年建筑业发展统计分析》提到：2021年，全国建筑业企业完成的建筑业总产值是29.3万亿元，同比增长11.04%；2021年，建筑业的从业人数为5282.94万人，连续3年减少。2021年比上年末减少83.98万人，减少1.56%。建筑从业人数逐年减少，为什么留不住年轻人？

一是互联网虹吸效应。随着互联网行业发展放缓，互联网大厂接连裁员，但即便如此，大家还挤破头皮想进互联网行业。互联网行业裁人，供大于求。建筑行业恰恰相反，招工难，用工荒，高薪留不住人。所以，并不是缺人，而是缺少想进建筑行业的人。人们对建筑行业的传统认知是低端粗放、不体面。这种传统认知很难改变。人才被吸进高收入的互联网行业，一定程度上造成建筑行业的人才匮乏。

二是环境复杂，建筑从业人员面临身体和人性的双重考验。众所周知，建筑行业的作业环境以户外为多，建筑工地环境恶劣，从业很是辛苦。风吹日晒、汗流浃背、灰头土脸……与钢筋混凝土作伴，工作时间长、加班多、全天候待命，为了赶项目工期，放弃休假也是常有之事。建筑行业还伴随较强的危险性，工作责任重

---

① 何颖思. 看重工作生活平衡　就业方式日趋多元——"00后"择业面面观［N］. 广州日报，2022-08-29（07版）.

大。一张图纸计算错误，会造成工程的重大损失，甚至工人的生命安全。相比环境优越的其他工作，在建筑一线工作对大学毕业生的吸引力小。

三是工作强度大，生活质量欠佳。00后大多是独生子女，从小娇生惯养，过惯了养尊处优的生活，没有经历过风吹日晒，更别谈世态炎凉。而真实的工地生活是深处荒郊野岭，每天起早贪黑，板房、工地和食堂三点一线。38℃高温下干活，冰冷雪天里拼命。一年四季到处跑，一个又一个项目奔波，一年也回不了几次家。对于单身青年来说，找对象更是难上加难。高强度的工作压力下，基本告别了各项娱乐活动。有些国际工程，一个工程项目周期就是3~4年，吃住工地，无法回国，更谈不及照顾家庭。

四是创新型人才匮乏，存在就业结构性矛盾。传统人才仍占较大比例，创新人才不足，表现为工程总承包管理、投建营一体化、国家化经营、数字化、双碳绿色发展、企业家人才等稀缺。高校毕业生就业能力与市场需求不匹配。高校毕业生普遍缺乏实操技能，由于技术进步加速了知识、技能和人力资本折旧，导致高校毕业生技能不能很好满足市场需求。近年来，新技术应用加速，智能化水平不断提高，机器替代低技能劳动力的趋势增加。[①]而刚刚毕业的大学生中，具有创新意识和创新思维的人才偏少。建筑行业虽然是一个传统行业，但是在数字技术的变革下，建筑行业面临着很多革故鼎新的工作。想要在数字化、智能化的大环境下生存发展，企业必须吸收具有工程创新思维的复合型人才，通过数字化、智能化为企业赋能创效。未来的建筑人才将更加知识化、更加全才、更加自信，不但要求会建设，还需要懂经营，擅长数字技术；不但熟悉土木工程，还需要掌握新科技、能跨界。这些要求对建筑类专业大学毕业生来说都是极大的挑战。

第二节 就业求职中的现存问题

大学生就业求职中的问题可以分为两类，一类属于就业准备问题，另一类属

---

① 张车伟，屈小博. 稳就业保就业专家谈. 当前青年就业面临的挑战与解决对策［N］. 工人日报，2022-09-19（06版）.

于就业能力问题，前者会出现发展定位模糊、就业单位认知缺失、就业环境期待过高、简历制作粗糙等问题，后者会出现实践经验欠缺、解决问题能力不足、职业选择受限等问题，这些问题会让学生进入"就业迷茫期"，直接影响大学生的就业质量。

一、就业准备不足

传统教育以灌输式为主，学生的自我辨析、独立思考能力相对不足。而就业求职、选择未来发展方向，受每个毕业生的家庭状况、成长经历、个人期待等差异性因素影响，很难依照他人经验来解决自身问题。毕业生在就业问题上需要有独立的思考和对未来的研判。但在现实就业过程中，大学生呈现出自我认知不准确。求职择业时对自己的性别、年龄、身体健康、胖瘦、高矮等身体因素以及家庭、经济等现实问题了解不充分，面临巨大就业压力时，往往很少真正做到全面了解自己。另外自我角色转换不及时，不能清晰地认识社会，了解社会，主动适应社会需要。

（一）发展定位不清

大学生存在盲目考研，而错失就业机会的现象。在大二、大三时，有的学生在不了解本研就业区别、研究生考试所需条件及自身能力的情况下，简单的将考研作为自己大学毕业后的发展方向。但是在准备考研的过程中，又因为承担不了考研压力，或考研信心不足，动摇了考研的决心，最后既没能考上研究生，又错过了就业准备时间，错失很多就业机会。

有的学生虽然决定就业，但是对自己的认知不到位，不清楚自己看中的就业核心要素是什么，人云亦云。这些学生时而看重薪酬高低、时而看重未来发展，时而看重就业环境……存在盲目跟风现象。还有的学生过于依赖父母的想法，缺少独立思考，患得患失，不会抉择。

有的学生求职需求过于完美，不符合实际。这些学生在找工作的过程中，只要发现企业有任何一方面不符合需求就马上放弃。而难得出现的符合自己条件的企业，又因为招聘要求高、竞争过于激烈，而没能被录取。找来找去，发现没有工作可以选择。

访谈案例

毕业季，小Q觉得没有一家单位适合自己。他既不想去外地工作，又觉得技术型或者研究型岗位太安逸，没有发展前途。但同时自己还想趁年轻闯一闯。当老师建议他关注那些刚起步的小企业时，他又觉得这种企业不太稳定，担心企业倒闭，想找个有保障的企业。老师让他把自己对工作岗位的需求排序出来。他进行了漫长的思考，重新排写了3次，才将自己的需求罗列了出来。

案例分析

这个学生的问题不是找不到满意的工作，而是还不清楚自己的需求是什么。每个学生都会有不同的职业需求，如果对就业岗位期望值过高，有一点不能满足，就否定这个岗位，是很难找到工作的。为了认清自己的需求，同学们可以将需求进行排序。这里需要注意的是，需求排序要有先后，不能平行。当就业岗位出现时，同学们可以对应岗位需求排序，查看满意的方面排在需求列表的第几位，不满意的方面排在需求列表的第几位，通过对比作出选择。

（二）缺少就业单位认知

同一行业不同企业，在用人条件、主营业务等方面都会有一定的趋同性，大学生不需要对每个企业都详细了解，只要选取代表性企业进行了解，找到同一行业的共性，就可以对此类企业有一定认知。在找工作之前，很多大学生常会因为就业工作准备不足，缺乏对企业的常识性了解，错失就业机会。例如，道路桥梁施工企业工作地点多位于城乡接合部，从业环境相对艰苦，毕业生参加面试前就要预设面试题目，考虑到企业会从吃苦耐劳等品质考察毕业生。这类问题属于常识而非秘密，需要大学生在求职之前就有一定了解，不要等到面试时企业问出这样的问题才开始思考自己到底是否适合这类工作。

有的学生对企业的基本信息缺乏了解。互联网时代，企业都很注重网络文化宣传和网络平台建设。企业的发展历程、规模资质、品牌工程、员工培养等信息都可以通过企业网站获取。学生也可以通过学校、老师、学长等渠道了解更多企业内部信息。但是有些毕业生不仅缺乏对企业基本信息的了解，而且也不知道应该如何了解以及了解什么。而在面试时，很多企业都会结合企业实际情况提出问题。对于了解企业基本信息的毕业生，企业会感觉毕业生关心企业发展、认同企业文化，对毕业生产生好感。这种好感很有可能成为毕业生成功就业的关键因素。而对于不了解企业基本信息的学生，面试时会缺少与企业的融洽感，增加面试者与求职者的对话难度，影响就业结果。

📋 访谈案例

　　大四寒假，一位来自山东的北京高校大四毕业生小王，面对"究竟是留京工作还是回老家工作"的问题，不知如何选择。他觉得自己留在北京工作，可以拥有更加广阔的发展前景和更多的人生机遇，但是与此同时压力也很大；如果回老家山东工作，发展平台和机遇有限，但是家人可以提供一些帮助。如何选择，小王为此茶饭不思，无所事事。

📋 案例分析

　　小王面对两种选择无从决策，其根本原因是存在主观猜测，缺少实践认知。两种选择都存在很多的不确定性和片面性，为了更好地认识现有情况，可以趁着寒假返乡时间，先把回家乡工作这个选项内容了解得更充分些、更清晰些。建议到当地的招聘会现场了解就业企业对人才的需求，以及岗位发展前景，如果有机会到企业去实习，深入感受企业文化，了解企业实际工作情况。

（三）就业环境准备不足

　　就业环境包括作业环境和人际环境两个方面。大学生在校生活环境相对舒适，如果对工作环境认知不足，到实际工作中，会产生理想和现实的认知差距，进而影响工作。建筑类毕业生工作环境多以施工现场为主，远离都市，舒适度相对较低，很多学生对此表现出很大的不适应。这种不适应会让毕业生把更多注意力集中到工作环境上，影响工作投入和对工作的认可，很难在工作中认真钻研。

　　大学生在校期间的人际关系相对简单，以老师、同学、家长为主，这些关系是纯粹的师生、友谊、家人关系，不涉及利益关系。无论是老师，还是家长，都会从爱护、关心学生的角度出发，给予大学生更多的包容和善意的提醒。而工作中的人际关系相对学校就显得很是复杂，同一个单位，员工间有等级，部门间有分工，业务上有利益关系，同一单位的员工过往经历、年龄结构均存在差异。同时，建筑类毕业生工作中除了要和同一单位不同部门的人员产生工作关系外，还要和施工单位的很多一线工人密切接触，这使得大学毕业生在学历水平、文化背景、生活习惯等方面与一线工人存在较大差距。而建筑工程工作需要较强的实践经验，一线工人是开展工程实践最前沿的实践者，他们有着丰富的实践经验，有些经验甚至是工人自己发明创造或者实践总结而来的，虽然这些经验缺少理论基础，但却是理论创新和实践创新的来源。如果能处理好这些复杂的人际关系，毕业生就会在较短时间内增长见识、开阔视野，从一线工人那里学习到丰富的实践经验，甚至可以总结归纳为新的理论。但如果处理不好这个关系，就会影响个人发展，甚至产生工作的不认同以及挫败感。

（四）简历准备不足

很多学生在参加招聘会前，并未认真制作自己的简历。很多简历样式陈旧，内容千篇一律，简历上的照片是自己在宿舍或教室中随意拍摄的。还有的同学简历中错字病句很多。很多同学并未意识到简历对求职就业的重要性。有的同学对面试的准备更是缺乏，甚至没有准备就进入了面试现场，面对面试官提出的问题，思考不周，很是被动。还有一些同学语言表达能力欠佳，无法缓解自己面试时的紧张状态，发挥不出自己的正常水平。

大学生制作简历要了解人力资源部门挑选简历时的关注点。简历需要呈现的不是详尽的内容，而是精简的内容，方便人力资源部门能够迅速了解你的基本情况。简历需要呈现的不是个人偏好，而是与招聘岗位间的准确定位，以便人力资源部门能够清楚地将你的简历放入某个岗位的后备人选中。简历需要呈现的不是千篇一律，而是自身亮点，让人力资源部门从众多简历中记住你的不同之处。大学生要学会在换位思考的思维方式下，按照企业用人需求精简内容、准确定位，做出有创意、有特色的简历。

简历中实习实践经历是最能打动用人单位的部分。有的学生不注重挖掘自身实习实践经历，写得很少，或者对所从事的工作写得不够具体。用人单位会从实习实践经历中看到应聘者在哪些具体工作中拥有实操经验，掌握基本工作规则，而这也是用人单位挑选最适合人选的关键。在描述自己某段实习实践经历时，应阐述清楚实践的机构和组织名称。写明自己所从事岗位的职责和具体负责的工作内容。说清在实习实践中做了什么，达成了什么成果，并能够用量化的数字或者事实进行陈述。如果在实习中运用到了专业知识，则一定要具体说明在从事哪项工作时运用了什么知识、模型或者工具。最后总结一下自己在实习实践中学会了工作方面的哪些系统、流程或者工具等。选择放哪些实习实践经历时，需要结合所应聘岗位要求进行选择。将和岗位要求最贴合的实习实践经历放在最重要位置并详细说明。简历中最多放3项实习实践经历，如果自身与应聘岗位要求直接相关的实习实践经历不足3项，则可选择展现自身组织协调与沟通能力方面的经历。

二、就业能力不足

大学生就业能力不足主要表现在知识结构不健全、实践经历不足，批判性思考欠缺、解决问题能力不足，就业决策能力欠缺，职业选择受限等方面。

（一）知识结构不健全，实践经历不足

知识结构是一个人经过专业学习培训后所拥有的知识体系的构成情况与结合方式。合理的知识结构是胜任现代社会职业岗位的必要条件，是人才成长的基础。所谓合理的知识结构，就是既要有精深的专业知识，又要有广博的知识面，具有事业发展实际需要的最合理和最优化的知识体系。[①]这一方面要靠学校合理的设置课程，另一方面要靠学生自觉地完善和构筑本身的知识结构。从大学生参加工作后的社会效应看，表现水平高低除了反映学校的教育水平之外，一个本质的原因就是知识结构不同。用人单位反馈好的毕业生，普遍具有合理的知识结构，用人单位反馈差的毕业生，多是知识结构有缺陷或尚不完善。

随着建筑业新业务、新模式和新技术的出现以及建筑业的快速国际化，建筑业需要大量优质毕业生的加入，为行业发展增砖添瓦。而一名优秀的"建工人"需要具备扎实的专业知识和学习能力，丰富的社会经验和创新能力，突出的组织管理能力和综合素质。建筑业的招聘对象逐渐由"实用型"人才向"发展型"人才转变，从经验、才干人才向学习、消化、吸收、创新能力强的人才转型。除此之外，企业

---

① 陆芳，刘广，詹宏基，张宁宁. 数字化学习［M］. 广州：华南理工大学出版社，2018：62.

还要求科技研发和管理团队的知识结构更加多元，即技术研发工作者不仅需要拥有过硬的技术前沿知识和新技术研发能力，还需具备较强的团队管理知识和组织协调能力。同理，职能管理型员工除组织协调和基础业务能力之外，还必须了解行业与企业发展情况、先进技术相关知识；现场作业人员则需要增加对先进设备和智能化工具的掌握。在实际招聘过程中，企业HR们会更加关注学生多方面的综合素质，在拥有较好学业成绩的基础之上，还会关注学生是否具有社会实习实践经历、多学科背景、校园实践经历等，而不是单一的"唯学历"或"唯分数"。①这些知识结构的构筑需要大学生在校期间进行合理的学习规划，主动增加课外科技活动及社会实践锻炼，关注时代需求和专业前沿发展，构建复合型人才的知识架构。

　　大学本科一般是四年制，部分建筑类及相关专业是五年制，譬如：建筑学、城乡规划等专业。在进入毕业年级之前，学生可以有3～4年时间，利用课余时间和寒暑假开展实习实践。但很多大学生升入大学后，存在高考后放松心理，缺少对就业的思考和就业能力培养的长远规划，再加上企业对实习生的门槛要求和信息不对等因素，大学生在毕业前的实习实践经历有限。即便是有实习实践经验的同学，由于缺少对职业和就业能力培养的规划，对自己实习实践目标定位不清晰，存在走马观花的现象，实习质量不高，错失了近距离了解企业内部信息、行业发展前景、企业文化的机会，缺少对于职业的认知与思考，势必影响合理知识结构的构筑。

（二）批判性思考欠缺，解决问题能力不足

　　今日职场需要的核心能力，是要能提出好问题的能力，而提出好问题的能力来自于批判性思考和解决问题的能力。现代化企业组织结构越来越倾向于扁平化。一项工作常常是由很多跨职能团队合作完成的。工作已经不再是由个人的专长决定，而是团队正在试图完成的任务、解决的问题或者想要达到的目标共同决定。团队需要紧密合作找出最佳解决办法。对于大学毕业生来说，想要在工作中尽快占有一席之地，在团队中表现出色，最大的挑战是必须拥有批判性思考与解决问题的能力。没有人会告诉你下一步应该做什么，必须自己找到答案。尤其是面对企业各种各样的信息流，刚入职的毕业生要学会从大量信息中筛选出重要信息，这就需要批判性思考。

---

① 于震. 未来已来，中国建造呼唤创新人才［J］. 中国大学生就业（综合版），2021（09）：10-12.

在大学教育中，批判性思考的能力不是通过大学教学的传授和考察获取的，不包括在任何一个考试中。它蕴藏在平时的学习生活中，是一种思维习惯的养成，具体表现在对问题的分析解决，即抓住问题根本，找出最深层的原因，搞明白问题的演变过程，是批判性思考的核心所在。作为大学生应该对事物充满好奇心，具备持续学习与系统思考的能力。当遇到问题与挑战时，不能满足于"知道答案"，因为昨天解决问题的方式并不能解决今天的问题。在习惯的养成过程中，注重提出问题，强化自主学习意识，独立思考，创造性解决问题。但现实是，大学生普遍缺乏批判性思考和解决问题的能力。面对问题时，畏缩不前，选择逃避，不能主动找到方法解决问题。工作后，这些学生发展受限，只能完成机械性工作，不能优化工作方式方法，不能开展主动的持续性学习，工作灵活性不够，方法单一。

（三）就业决策能力欠缺，职业选择受限

职业选择是个人对于自己就业的种类、方向的挑选和确定，职业选择的宽度是指自己能够选择的就业种类的数量。每个毕业生都希望自己在毕业前能拥有很多种选择供自己挑选，职业选择的宽度受到就业竞争力和就业期望的双重影响。用一个公式来简单表示一下：职业选择的宽度=就业竞争力−就业期望。

就业竞争力是一个人综合素质的展示，能够对用人单位产生一定的吸引能力。用人单位对应聘者的选择主要是要审视应聘者所具备的就业竞争力是否符合企业和岗位的需求。其主要包括毕业生所具有的思想道德素质、职业技能和专业知识、思维能力、语言表达能力和交际能力等内在竞争力和学校的排名，家庭背景和社会关系等外在竞争力。就业竞争力越大，能吸引到的用人单位和岗位就会越多，职业选择的宽度就越大。

影响职业选择宽度的因素：就业期望。就业期望是指毕业生希望获得的就业岗位、就业地区以及薪水标准等的综合体现。就业期望是毕业生对自己理想职位的描述，对自己物质、精神需求的满足程度，如工资收入、福利待遇、工作环境和条件，是否能受到同事的尊重和领导的器重，自己的能力和特长能否得以施展等。就业期望是影响毕业生进行职业选择的第二个因素，就业期望很高或者很多，会导致很多用人单位和岗位被自己拒绝。随着就业期望的不断增长，职业选择的宽度会不断变窄。

大学是一个爬坡的过程，有些学生可以通过积累，把职业选择变得很宽；有

些学生，缺少前期努力，职业选择受限，不知前路在何方。但无论是哪种类型的同学，都会面临就业决策。而求职决策需要整合毕业生能力、就业期待以及企业用人需求、工作环境和待遇等信息，信息量很大，在决策时需要一些方法来帮助毕业生更好地将信息进行分类、整理、将自我期待和企业价值进行合理的澄清。很多学生没有学习过任何就业决策的方法，在面对如此复杂的决策局面时，十分焦虑，不知道如何下手，只能到临近时间节点时仓促抉择。而求职决策关系到每个毕业生的未来发展方向，其至关重要。

📋 访谈案例

　　小萍在大学期间是一个非常积极、努力的学生，学习成绩在班内属于中上水平。她在大学期间担任过学生干部，后来为了准备考研，一直安心于学习。虽然没有考上研究生，但学习成绩一直还是不错的。但小萍对自己的评价很低，她觉得自己没有什么能拿得出手的能力，考研也失利了，学生工作也没有坚持下来，自己一事无成。对于未来的选择，小萍觉得有两个方向，一是留在北京工作，但因为自己是外地的，留在北京没有安全感；二是回山西老家工作，她的家人为她找了一个坐办公室的工作，但她觉得这样的工作没有发展空间。在别的同学都在选择未来职业方向时，小萍发现自己没有可选的选项。

📋 案例分析

　　能够看到自己的不足是好事，这样的自省可以让自己不断努力。但能否在社会立足，能否找到一份工作，首先还是要看我们拥有哪些就业竞争力，我们需要做的是不断锻炼自己的长处，尽可能弥补自己的短处。如果像小萍这样只关注自己的不足，而没有看到自己的长处并进行很好的展示，用人单位就无法发现她的就业竞争力，她职业选择的宽度必然会变窄。

　　小萍之所以没有可选的选项，是因为自身的就业竞争力与就业期望之间的平衡出了问题。随着就业期望与就业竞争力越来越接近，职业选择的宽度就随之变窄，当就业期望大于就业竞争力的时候，就会出现无路可走的情况。换言之，在我们面临职业选择时，自己面前的路到底有多宽，取决于两方面，一方面是我们的能力储备，储备的越多，我们可以选择的就会越多；另一方面是我们的需求有多大，需求越大，我们面前的选择就会变少。

对于未来的选择，老师帮助小萍一起梳理了她的职业价值观，结果显示她最看重的是安全感和工作环境。她觉得回家工作对于安全感和工作环境都能提供很好的支持，与此同时她又非常希望能够得到一些挑战的兼顾安全感的工作。而留在北京工作，未来的前景未知数很多，这让她很恐惧，不知道未来会是什么样子，所以也没有办法选择这条路。在帮她梳理职业价值观的过程中，小萍发现自己的要求远比想象中多得多。她一直觉得自己是一个没有什么要求的人，但现在看来并不是这样，自己想要的挺多。想要的多了，就业期望就会增加，会把自己有可能的选择给堵上，导致自己面前的路变窄。

案例中的小萍对自己能力的认知很低，而对选择的需求却很多，那必然会觉得自己无路可走。所以，当同学们在进行职业选择时发现自己无路可走的时候，可以参考这个办法。一方面努力发现并阐述清楚自己的就业竞争力，另一方面要弄清楚自己最看重的是什么，能够专注其中而舍弃其他，理性确定自己的就业期望，我们面前的道路才会宽广。

第六章

基于大学生科技创新能力培养的
全过程就业指导模式

大学生科技创新能力培养贯穿于大学教育的始末，符合人才培养的客观规律，需要有计划、有目的地深入学习。根据用人单位对毕业生职业能力的要求，大学需要聚焦建筑行业创新型人才培养需求，开展全过程就业指导，打造低年级全覆盖、中年级重兴趣、高年级筑梦想的全过程教育体系。本章将就业指导工作与大学生科技创新能力培养相结合，立足课外科技活动，提出"三全育人"大学生科技创新能力培养模式，推出大一至大四的全过程就业指导时间轴，有计划、有目的地形成四年不间断的建筑类专业大学生科技创新能力培养下的全过程就业指导方案，为建筑类专业大学生就业提供教育借鉴。

第一节　基于课外科技活动的"三全育人"大学生
科技创新能力培养模式构建

课外科技活动是大学生通过以自身实践的体验式学习方式，对教师在课堂教学所讲授的知识进行实际应用的过程，是辅助课堂教学的有效载体。课外科技活动不仅包括课外科技竞赛，还包括学术讲座、认识实习、社会实践、志愿服务等，这部分内容已经在本书的第三章中进行了详细阐述。大学生参与课外科技创新的过程不仅可以激发学生的学习兴趣和潜能，完成专业知识的简单应用，更能让学生有的放矢地解决实际问题，锻炼应用能力，在实践中培养创新意识，树立创新思维，巩固创新技能，弥补传统教育模式下，学生依赖老师、缺乏自主创新的意识和动力的现状，是大学生科技创新能力培养的重要途径。

"三全育人"是《国家中长期教育改革和发展规划纲要（2010—2020年）》提出的育人理念，即坚持"全员育人、全过程育人、全面育人"的育人理念。课外科技活动作为第二课堂的重要活动载体，融合了专业学习、实践能力、创新技能，是大学课堂教育的有效载体。课外科技活动的开展需要发挥专业教师、思政教师、管理教师等多方面师资力量，从申报、组队、研判、解题、阐述等多方面进行全过程指导，以达到德、智、体、美、劳全面发展的育人效果。

一、课外科技活动全过程开展的学习特点

不同年级的学生学习重点不同，掌握的知识层次不同，对课外科技活动的需求也不同。大学生课外科技活动应根据不同年级学生的特点，以认知—理解—应用—综合应用为不同目标，有针对性地、由浅入深地开展不同形式的课外科技活动，加深学生对不同课程的理解，逐步培养学生科技创新意识和实践能力。

一年级作为科技创新能力培养的认知阶段，其任务是培养大学生的科技创新意识。一年级学生所学的课程多为高等数学、英语等基础课，课程中很少涉及专业知识，学生和专业教师的接触也很少。为此，需要开展以提高学生专业认识和科技创新意识的课外科技活动，可以通过学术讲座、参观认知等方式，为学生提供专业认知的途径，在认知过程中感受科技创新在专业前沿的力量，萌生科技创新意识。建筑类专业一年级时，老师可以带领学生参观专业实验室，走访奥运工程、地产集团等重大项目和著名企事业单位，结合重大工程和重大成就，向学生讲述专业发展现状及前景、专业在实际工作中的应用、杰出校友的突出成就等，增强学生专业认同感和自豪感，感受科技创新推动经济发展的力量。

二年级作为科技创新能力培养的理解阶段，其任务是培养科技创新思维和习惯，提升实践技能。二年级学生进行专业基础课的学习，已经对所学专业有了一定的认知。通过参加课外科技活动可以学会确定目标和任务，加深对所学知识的理解，巩固掌握程度，在课外科技活动中梳理解决问题的思路，培养创新思维，为专业课学习打下良好基础。例如，建筑类专业大学生在二年级时，可以参加强化力学知识的力学竞赛、承载力大赛，在比赛过程中，讲解自己对力学题目的解题思路和所做模型的受力分析。在这个过程中通过查阅资料、虚心求教、自学、团队合作等

方式，巩固专业知识，培养严谨治学的科研作风，树立科技创新思维。

三年级作为科技创新能力培养的应用阶段，其任务是理论联系实际，创造性解决实际问题，培养创新精神。三年级学生正在对自己的发展方向进行定位，面向三年级的课外科技活动，要树立学生在活动中的主体地位，注重与实际问题的紧密结合。学生在参与过程中，可以确定目标和任务，运用已知条件，产生出新颖、有价值的成果（精神成果、社会成果和物质成果），创造性地解决问题，改变陈规、权威，以一种新的能力来灵活地分析、解决问题，进而培养创新能力，实现自我超越。例如，可以引导三年级学生参与大学生课外科技立项和社会实践活动，通过调查研究，深入了解专业发展的新知识、新工艺，以真题真做、假题真做的形式，发挥专业所长，创造性地为城乡建设工作贡献智慧，培养创新精神。

四年级作为科技创新能力培养的综合应用阶段，其任务是通过科技创新能力的综合应用，提升就业能力。四年级学生和研究生对专业知识的掌握已经达到了较高程度，开始了专业实习，在参与实际工作中了解实际工程的运行机制，积累实际工作经验，为良好就业奠定基础。建筑类专业大学生可以在这个阶段参加求职技能大赛、简历辅导培训等，综合应用创新能力，提升就业能力。

二、培养模式的构建

《国家中长期教育改革和发展规划纲要（2010—2020年）》提出了要"提高学生综合素质，使学生成为德、智、体、美、劳全面发展的社会主义建设者和接班人"的要求，要想全面提升学生综合素质就必须坚持"全员育人、全过程育人、全面育人"的"三全育人"理念。本着全过程育人的理念，课题组结合大学四年培养不间断理念，提出基于课外科技活动的大学生"三全育人"科技创新能力培养模式。

（一）全员育人

科技创新能力培养是高校每一位教师的责任，单靠辅导员对于活动的管理和指导，就会形成活动与教学相脱离，活动本身的层次也很难得到高水平的提升。要想占据高校课外科技活动的平台，营造良好的创新能力培养氛围，就需要全员动员，高校教师全员参与，形成全员育人的新格局。

在活动目的和主题上密切与专业发展相结合，以各专业培养计划为核心，发挥各系主任的专业发展引导优势，形成第一课堂与第二课堂良好互动与配合；在活动指导上发挥专业教师中青年骨干的力量，通过一对一、一对多辅导，达成教与学的良好统一；在活动形式和组织开展上，发挥辅导员思维活跃、组织能力强的优势，最终形成"全员育人"的科技创新能力培养模式。

各高校在大学生科技创新能力培养过程中要重视专业教师作用的发挥，制定相应的鼓励政策，注意发挥不同层面政策的驱动效应，可以是经济奖励、职称评定时的政策优惠，也可以是强制性政策要求，以期达到相应效果。

（二）全过程育人

大学生科技创新能力培养要贯穿在校学习期间的全过程。通过学习，学生逐步提高科学文化知识水平、综合素质以及科技创新能力。各高校要根据人才培养具体目标和基本规格，对大学生创新能力培养制定整体的规划。在遵循高等学校教育规律和大学生成长规律的基础上，安排活动内容，选择活动方法，采取多种形式，从创新意识培养，到创新思维构成，最终形成创新技能，增强大学生创新能力培养的计划性和预见性，减少活动设置的随意性和盲目性，实事求是，注重实效。

全过程育人，就是将育人贯穿大学生成长的全过程，即心理成熟、专业学习、综合能力提升的全过程，这个过程也体现在课外科技活动设计的全过程。即从一年级开始，就需要加强学生对学校、专业的认知学习，组织学生参观校园、展览馆、图书馆、科技馆、电教馆、实验馆，通过录像片、座谈、报告等多种形式，了解学校的历史、教学、科研成果，认识科学技术是第一生产力的道理；开展基础课和专业基础课的实践学习，通过参观知名建筑企业、学习交流、校友访谈等活动，引导学生在实践中锻炼分析问题、解决问题的动手能力以及创新意识、科学思维、团队合作、语言表达等综合素养，达成大学生科技创新能力培养的启蒙教育。

进入大学二年级，学生在对专业发展有了一定基础之后，学校可以借助学术讲座、论坛、沙龙等形式，来加强大学生创新意识的培养。通过对专业教师、校友、专家的学术成果研究了解，体会创新精神的重要性，体会创新带来的成果和力量，进而萌生创新意识。

大学高年级的同学正在对专业进行深入学习，可以借助第一课堂的理论学习知识，参加各种科技竞赛，培养创新技能。同学们通过参加各种科技竞赛，学会独立思考、培养创新思维的同时，通过实际动手，锻炼操作能力。在参与科技竞赛的同时，同学们还可以选择社会实践，强化对社会的适应性，促使创新技能更具实操层面。

通过大学四年一以贯之的课外科技活动的设计与指导，呈现大学生科技创新能力培养的发展过程，探寻人才培养规律，为建筑类专业创新型人才培养提供实践依据。

（三）全面育人

基于课外科技活动的大学生创新能力培养是一项系统工程，建立大学生创新能力培养的教育格局，必须运用系统思想和系统方法，建立协调、有序、整体的教育体系，才能发挥系统的整体功能，增强创新能力培养的实效性。

大学生创新能力培养，要在学校党委的统一领导下，调动各个方面的力量，齐心合力为培养人才的共同目标而奋斗。用一般系统论的整体性思想来考察大学生创新能力培养，有些时候常会有这样的误区：认为党务、政工工作和行政、业务工作两大系统互不相关。学生思想政治教育是学生部门的事，自有专职工作人员负责或是学校党委负责。在加强学生思想政治教育工作时，只强调加强专职政工队伍建设却不重视合力的作用。强调加强课外科技活动工作却把教学活动排除在外，这都是违背教育规律的。因此，从学校现有体制上来看，要充分发挥各职能部门的德育功能，对大学生创新能力培养进行干预、指导、管理，把大学生创新能力培养与学生的德、智、体、美、劳全面发展一起来考查，使学校教育与家庭教育、社会教育联系起来，使思想政治教育与专业教育、管理教育联系起来，使大学生思想政治教育工作与行政工作的各方面联系起来，形成党、政、共青团、学生会、学生社团组织等多方力量有机统一。建立全方位的综合网络，重要的是要调动各方面的力量形成综合育人的合力。

经调研发现，各高校在组织课外科技活动时，主管部门均为学生工作系统下的团委、分团委、团总支或学工部，这些部门对活动的组织管理都有丰富的经验，但同时大家也都迫切表示课外科技活动需要全校各个部门的整体配合和呼应，也暴露出一些问题，如课外科技活动鼓励政策停留在学工层面，没有延展到学校其他教学管理部门，导致课外科技活动与教学环节的割裂；学校教学管理部门组织的一些活动与学工部的课外科技活动相重合，导致活动重复，学生对活动的参与倦怠；课外科技竞赛归口部门不统一，有的归教务，有的归学工，有的归二级学院，管理混乱，大学生创新能力培养队伍力量不集中等。

针对以上情况，本书以北京建筑大学为例，以经管学院为试点，构建"全面育人"大学生创新能力培养新格局。学院立足专业，积极探索和专业相契合的课外科技竞赛，自2008年创办房地产策划大赛以来，逐年推广赛事，从校内比赛推广至校际赛、华北赛区竞赛，直至由中国建设教育协会主办的全国赛事。同时，为配合房地产策划大赛的发展，更好地培养创新人才，学院又增设了《房地产项目策划》校级选修课，更好地从理论层面给予补充，达到了第一课堂与第二课堂的良好呼应，促使专业教师对创新人才多方位培养，达成"全面育人"新格局。另外，诸如房地产策划大赛，其他赛事如"挑战杯"创业计划竞赛等，也都写入了学院分层分流的教学培养计划，纳入创新学分领域。（详见本节第四部分的案例分析）

三、基于课外科技活动的"三全育人"大学生创新能力培养模式的组织实施

（一）制定教学培养计划

一个好的培养模式需要科学合理的教学计划来贯彻实施。将"三全"创新能力培养模式的教学内容融入整个教学计划之中就是首要工作。各学科专业须改革现行的教学计划，一方面对与课外科技活动相关的课程体系及其结构进行科学设计，包括课程门类、课时数、开课顺序及考核方式等。另一方面，首先应当对各种非课堂教学活动，即课外科技活动（如学术论坛、技能培训、学科竞赛、科技竞赛等）进行整合，使之融于教学计划之内；同时对各教学模块进行调整，以课外科技活动为依托，改革教学内容和教学方式，以满足不同阶段学生和不同竞赛项目的需求。其次，组建一支合理的集训团队，不同年级的学生相互渗透，形成梯队，并根据竞赛时间，合理安排集训，确保团队内每个成员训练得当。

（二）建立保障制度

一是将大学生创新能力培养工作纳入人才培养考核内容。实行创新学分制，按照学科专业特点，针对学生个性特征，提出创新学分要求。将发明、专利、制作、论文、著作、讲座、科技竞赛活动、就业见习推荐等以学分纳入考核。

二是实行创新能力提升鼓励制度。对取得突出成绩或有特殊成就的学生，在就业、升学、推优等方面予以考虑。如学生在"挑战杯"全国大学生创业计划竞赛中获奖的，或取得科技发明专利的，或在核心期刊发表学术论文的，学校可以优先推荐其升学和就业。在创新学分的要求和政策激励下，学生会主动学习、主动思考、主动研究、主动参与、激发创新动机，提升创新意识和创新能力。

（三）注重质量监控与反馈

"三全育人"创新能力培养模式涉及理论教学、培训时间和组织管理等诸多方面，环节多、周期长，过程复杂，每个环节都可能影响到培养效果，加上各学科专业的办学特点各异，使得该模式下的培养质量难以掌握。因此，学校必须建立相应的质量监控和反馈机制，对各环节进行监控，保证责任到部门。首先学校各相关部门必须明确分工，加强协作，确保教学管理与监督工作严谨有序。其次完善相关管理制度和规范，确保教学管理工作有本可依，督促各部门按照教学计划、质量标准等文件执行并实施监督。总之，在教学过程中，必须对每个培养环节进行有效的监督，及时发现问题、解决问题，确保培养环节的质量和效益。

四、案例分析

北京建筑大学"房地产策划大赛"是由校团委主办、经管学院承办的全校性学生科技赛事，始创于2008年，涉及房地产、市场营销、工程造价、建筑设计等多知识领域，目前已经推广为由中国建设教育协会主办的全国性赛事。大赛坚持校企合作，邀请许多高校和企业参与其中，促进校际学术交流和校企合作，以营造良好的学科竞赛氛围，提高学生的创新能力和实践能力。大赛逐渐得到了专业领域教师的肯定和业界领导的支持。

（一）以第一课堂为依托，立足专业

以第一课堂为依托、立足专业特色，是房地产策划大赛能够良好发展的根本原因。在比赛中，学生需要进行房地产投资分析、市场调研、可行性研究以及房地产项目定位、销售方案策划等一系列活动。完成这些任务所需的知识基本囊括了相关专业所学内容，如建筑设计、城市规划、工程项目管理、成本核算、营销策划等。

大赛内容与专业知识的契合，使房地产策划大赛成为理论知识学习和实践的桥梁。这不仅拉近了教学与学生的距离，而且使学生有针对性地开展学习，充分调动了其对专业学习的兴趣，培养了其独立思考的能力，为以后走上社会奠定良好的基础。同时大赛作品的完成综合体现了学生对专业知识运用的效果，学生在参与的过程中，将会对自己的专业有一个系统的认识，了解所学各门课程之间的联系，从而有助于学生形成完整的知识系统，更好地根据自己的能力，有的放矢地规划自己的学习，变被动为主动，成为专业知识扎实的合格人才。

有位参加过房地产策划大赛的同学是这样评价大赛的："在比赛中，我们运用了很多知识，如市场分析、财务管理等，学到了好多课堂上没有的东西。小组成员之间的思想交流更是活跃了我们的思维。参加比赛，使我对专业特点和自身能力有了进一步的了解，更清楚自己将来要做什么了。""房策大赛"不仅在知识范围上与专业契合，在知识体系的运用过程中也与专业学习实现了动态契合，促进了学生对专业认知的整体系统地把握。这使得"房策大赛"得到了院系教师的积极支持和肯定，同时促成学生在组队参赛过程中主动和专业教师沟通，专业教师积极配合的良好发展态势，有效促进第一课堂与第二课堂的互动与交流。

房地产策划大赛立足专业，与第一课堂教学相辅相成，有效促进了学生专业知识的学习，是人才培养的有效方式，在实践中也得到了专业老师和社会各界的支持，这也是房地产策划大赛能在师生中产生深远影响的根本原因，是房地产策划大赛持续发展的土壤。

（二）融合分层分流教学理念，促成学生的分类引导

"房策大赛"依托专业发展的同时，还不断寻求新的教学理念，学院将大赛作为分层分流实践教学平台之一。分层分流实践教学平台是指在高年级专业学习过程中，学校针对专业发展方向不同所提出的不同的培养方案。其教育理念以承认学生差异为前提，营造一种适合学生个性化学习的发展环境，促进学生在最适合自己的学习环境中求得最佳的发展。在这种教学理念的影响下，为达成课堂教学与实践教学分层分流的一致，更好地培养学生实践动手能力，学院自2011年起，将"房策大赛"写入本科生培养方案，将竞赛教学责任明确至专业教师，竞赛内容专业化，成为学院办学特色之一。

学生们在专业学习期间，可以有针对性地对自己所选专业方向，从实践环节明

确专业发展方向，通过参与大赛、扮演角色、模拟实战环节，感受社会专业需求，有针对性地培养工程造价、房地产策划、房地产营销等不同方向的实践能力。同时配合"房策大赛"，学院还将开设院级选修课，从赛制、内容、经验等多方面进行培训，达成教与学的统一。

"房策大赛"，不仅在学院团学工作领域丰富了学生课外科技活动，而且在教学领域以其科技竞赛特色教学环节的身份，引领分层分流实践教学环节，已经成为团学工作分类引导中结合专业开展学生应用型人才培养的重要环节。

（三）以就业为导向，坚持校企合作

校企合作，是房地产策划大赛的又一大特色。自举办以来，我校一直采用与房地产企业合作的方式，通过房地产企业的资源赞助、项目赞助、资金赞助，形成房策大赛良好的支撑平台。

1. 利用社会资源，弥补教学资源不足。每届大赛比赛项目的制定均由提供赞助的房地产企业和校方联合决定，比赛项目针对性强，具有较强的实操性，为了使学生增强对项目的了解，赛前将组织学生对地块、沙盘进行参观，通过参观，学生会对专业形成感官认识，拓宽视野，促进理论与实践的良好结合。同时，在大赛前期举办培训讲座，邀请企业专业人员对大赛项目进行实践培训，培训方面包括地块介绍、政策导向、模盘分析、实操策划；专业教师增加理论培训环节，在经济分析、营销策划、建筑设计等方面进行详细指导。同学们通过参加培训，对专业学习不仅有了感官认识，而且形成良好的学习目标，明确学习的努力方向。

2. 通过大赛展示，开辟新的就业渠道。大赛决赛将通过学生制作策划书、上台演讲的方式来展示学生的成果。决赛评委不仅由资质较深的专业教师组成，同时邀请业界知名人士和企事业单位负责人，来参与决赛的点评。企事业单位通过项目的介绍，增加学生对其的认知度，为就业选拔环节做好前期铺垫，同时企事业单位可以吸取优秀的学生作品作为实际操作的策划案，达到校企间的良好配合。另外，学生通过决赛的成果展示，不仅能锻炼综合能力，而且会得到展示的机会，企事业单位将为决赛获奖同学提供就业实习机会，并作为管理培训生等形式将人才储备起来，这为我们的就业工作铺垫了良好的基础，促成就业的良好循环。

3. 利用资金赞助，拓展大赛形式。企业对大赛的资金支持，为大赛的组织工作提供了有力的物质保障。从第一届的校内宣传、策划撰写到第四届的校际联赛、

PPT展示、建筑环境动漫展示，"房策大赛"的组织规模和形式上均得到了较大拓展。大赛形式的不断丰富增加了学生参与的热情，也使得大赛在专业领域、企事业单位中有了良好声誉，得到了广泛的业界认可，同时也促使大赛在实践中赢得了长期稳定的发展。

（四）以学生为本，培养科技创新能力

"房策大赛"能够成功举办六届，并不断发展扩大，其根源在于以学生为本，培养学生成长成才的科技创新能力。

1. 加强学生研究型学习能力。科技类、学科类竞赛的专业知识与实践相结合的活动方式，极大地激发了学生的积极性，他们由平日对相关专业课程抵触、畏难转变为主动钻研和探索，不断地提出和解决问题。教师也由传统教学中的灌输者变成了因材施教的指导者，学生在第一课堂中学到的相对"死"的知识，在竞赛中"活"了起来。通过竞赛，既开发了学生智力，促进了学生身心健康发展，又培养了学生运用知识、探索知识的能力，加强了学生研究型的学习能力，将应试教育转化为素质教育，增强了学生的积极性、主动性，使学生的才能得到充分发挥。

2. 增强学生团体协作精神。在实践过程中，团队合作能力是每个学生希望锻炼的能力，同时自我价值实现也是每个学生所希望的，而"房策大赛"将这两者有机结合在一起，帮助学生实现自身的发展。比赛要求学生自由组合、自由实践，由于比赛学科的交叉性，就会出现跨班级组合、跨年级组合甚至跨院系、跨院校组合，在小组合作过程中，学生们不仅锻炼了合作与沟通的能力，还可以获得其他有意义的信息和建立良好的友谊，对学生成长成才起到了很好的促进作用。

3. 锤炼学生组织能力。自第一届"房策大赛"举办以来，一直是经管学院学生工作全年的重头戏。每次比赛都是整个学院、整个学生会集体调动起来，大赛执行委员会主要的工作人员是学生。作为大赛的组织者，他们从中得到的锻炼和参赛学生是不同的，可以极大锻炼学生干部的组织协调能力。

4. 通过"房策大赛"对学生进行自我教育。借助"房策大赛"将知识性与趣味性有机统一、将书本知识同实践活动紧密结合的优势，鼓励学生积极参加比赛。通过竞赛来激发学生的学习兴趣、提高学生学习积极性，进而达到学生自我教育的目的。

5. 出版发行"房策大赛"优秀成果，为学生提供广阔的展示平台。支持"房策大赛"长期良好运行的另一个原因是，从第二届开始，对于"房策大赛"决赛作品都给予出版发行的机会。这不仅将优秀的学生作品汇集成册，作为活动继续开展的良好基础，而且为学生作品的展示提供了更为广阔的平台，促使"房策大赛"的发展具有良好的动力机制和后期保障。在这种良性循环下，促使我校学生具有强烈的求知欲和很强的参与意识，既满足学生自身发展的需要，在客观上也保证了学生活动水平的提高。

第二节　基于大学生科技创新能力培养的全过程就业指导时间轴

一、大一至大三时间轴

（一）大一时间轴

一年级学生面临着如何尽快适应中学到大学的转变。高校的培养目标、教育任务、教学方法和生活方式在很大程度上不同于中学。学生对于专业的了解、学习方法的掌握、专业社会定位以及未来发展的方向都存在各种各样的困惑。这些困惑造成许多大学生毕业时不能清楚定位本专业的社会角色，尤其对于建筑类专业中应用性、技能性、创新性要求较强的专业。如果不能及时清晰了解专业的培养目标，引导和加强学习能力、动手能力、创新思维培养，就必然会对后续的教育带来严重的影响。一年级的时间轴聚焦基础认知和创新思维培养，将校史校情教育、专业认知、生活经验交流等诸多认知类活动融合其中，在校史校情教育中感受学校的环境与历史，体会科技创新的力量；通过在线测评系统开展自我认知，加深对自身的了解和定位，通过朋辈交流，了解大学生学习规律，尽快实现中学到大学的转变；通过对职业规划的学习，掌握大学生涯规划的知识和技能；通过参与寒假社会实践校友访谈活动，提升专业认知，建立校友与在校生的联系，加强校友对在校生的就业指导；通过参观地标性建筑，加强对建筑类专业的感官认知，了解专业发展前景；

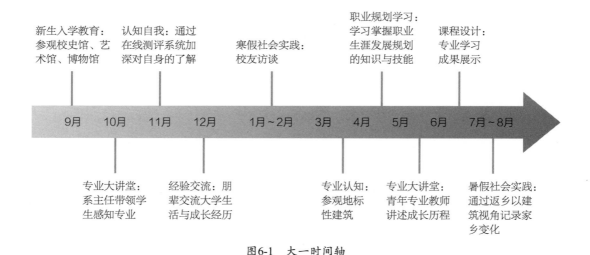

图6-1　大一时间轴

通过课程设计，多角度探知专业知识，加强动手实践能力；通过材料、工艺的学习，提升创新技能，培养创新思维（图6-1）。

（二）大二时间轴

二年级学生对大学生活有了初步认知，开始了专业基础学习，学习中会增加实践，加深专业知识的理解，尝试分析问题、解决问题，提升创新技能。二年级时间轴将聚焦创新技能提升，通过兴趣、性格、价值观测评，扫除自我认知盲点，进一步发现自我；通过参加寒假社会实践直击人才市场活动，加强对就业市场感官到理性的认识，了解就业市场用人需求；在专业学习方面，重视基础知识学习，通过与学长的交流，探求学习经验，掌握学习技巧，参与科技立项双选会，加入专业研究团队，将专业理论应用于实践，养成创新思维习惯，巩固创新技能，学习创新精神；通过走访知名建筑企业，深入了解企业现状，增加专业与市场的交互；积极参与基础专业及学科竞赛，以赛促学，增加实践能力和知识迁移能力，为专业技能的提升奠定良好基础；在课程设计中，强化专业实践和创新技能，在专业学习成果展示中树立专业自信；对"就业、出国、考研"进行思考，对比自我需求，进行深入分析，明确发展方向，逐步提升就业能力（图6-2）。

（三）大三时间轴

三年级学生具备一定的创新素养，掌握一定的创新技能，可以创造性解决问题。三年级时间轴将聚焦创新精神锤炼，通过胜任力测试，对自我进行纵向分析，塑造职场核心竞争力；了解就业政策，做到知己知彼，启动就业准备；大三的专业知识逐步积淀丰厚，可以参加"挑战杯""创青春""互联网+"等全国赛事，早做准备，从政策、技巧、时间安排、选题等多角度加强竞赛认知，提升科技创新的成果转化能力，锤炼创新精神；明确"就业、出国、考研"发展意向，进入就业及备考准备，通过经验分享，制定发展计划，逐步实施；毕业生针对就业方向，可以参加就业实习双选会，利用暑期时间，增加对用人单位的了解，积累工作经验，为简历背书（图6-3）。

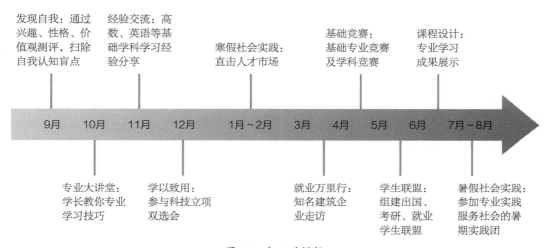

图6-2　大二时间轴

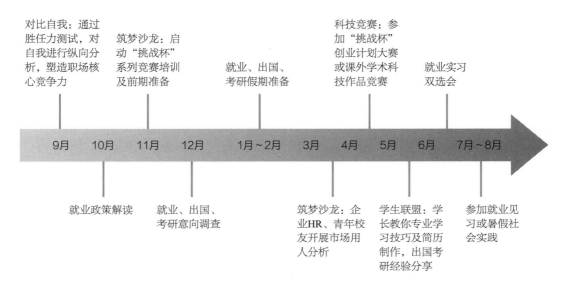

图6-3　大三时间轴

二、大四时间轴

大四是科技创新能力的综合应用阶段，是各种发展目标的冲刺阶段，更是各种奋斗的收获阶段。作出不同选择的学生的大四时间轨迹将呈现出更大的差异化。如果简单地通过一条时间轴是无法展示不同奋斗目标下的时间轨迹的。但无论学生选择就业、考研、出国中的哪一条出路，都会面对顺利完成学业的任务。为此，我们以学业线、就业线、考研线和出国线这四条时间轴呈现大四生活，帮助大家规划好自己的大四生活。

（一）学业线

大四是大学学习的最后一年，课程学习都是专业核心课，对未来专业发展至关重要。其中的毕业设计环节更是对大学所学知识的综合应用，是大学生科技创新能力培养的重要体现。大四学生无论是先知先觉还是后知后觉，此时均已意识到需要为自己的未来而努力了，奋斗在自己的领域。但无论是考研、出国还是就业，完成学业是大四学生选择未来的前提和基础，任何一个教学环节没有取得及格成绩，都会影响学业（图6-4）。

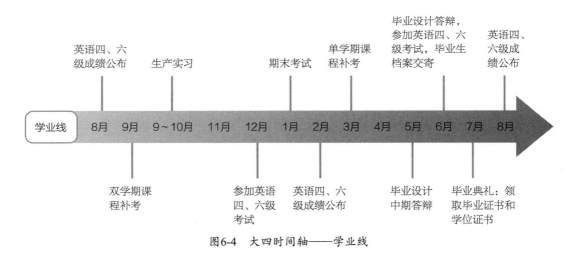

图6-4　大四时间轴——学业线

分析学业线，我们会发现，如果所有课程和大学英语四、六级考试都已经在大四之前顺利通过的话，学业线就会变得简化，这里我们将简化版的学业线也绘制出来，方便后面使用（图6-5）。

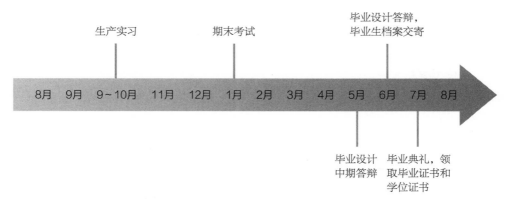

图6-5　大四时间轴——简化版学业线

（二）就业线

　　大部分大四学生都会选择就业作为自己未来的发展方向。大学毕业后的第一份工作直接影响着学生未来职业发展方向和质量。每个大学生都希望在大四毕业时找到一份心仪的工作，并将此作为大四的主要奋斗目标。然而现实中，有些同学因为对就业认知不足，简单化处理就业准备工作，认为参加招聘会、投简历就可以了，殊不知就业面试是对大学四年学习生活全方位的检验，尤其面对新时代建筑业态瞬息变化下对创新人才的迫切需求，用人单位会通过毕业生市场发现人才、储备人才，如果就业准备不足，会错失很多好的就业机会。这里，我们将大四时间轴就业线展示出来，希望大家从时间维度看清楚就业环节，提前做好就业准备（图6-6）。

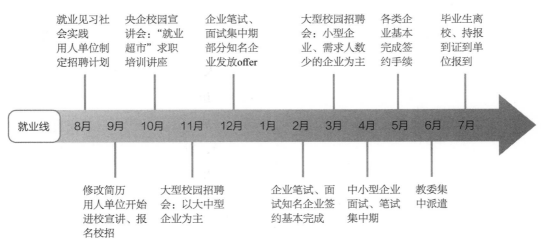

图6-6　大四时间轴——就业线

（三）考研线

大四学生中还有一部分学生要继续深造，他们会选择考研。这部分学生视不同的院校比例略有不同。有部分考研的学生会觉得比就业的同学有优越感，觉得自己增加了大四的可选择项，考研作为首选项，就业为次选项，如果考研失利就选择就业，考研就业两不耽误。但是我们仔细观察就业线和考研线会发现，同学们是很难同时兼顾就业和考研的。如果选择了考研作为大四的准备方向，就要努力克服困难，坚持走下来。下面，我们将考研线展示如下，希望同学们能够以"时不待我，舍我其谁"的精神气魄，奋勇向前，走好考研路上的每一步，收获属于这段路程独有的精神财富（图6-7）。

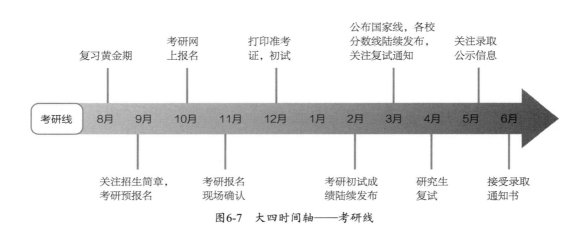

图6-7 大四时间轴——考研线

（四）出国线

出国留学也成为很多大四学生的毕业选择，大家希望能够通过出国留学，拓宽视野，增加阅历，为未来发展储备更多的能量。虽然出国留学发生在大四，但其出国准备却发生在大学四年的全过程。四年的每科成绩都会影响出国留学申请的学分绩点。而对于国外高校的信息收集、整理、选择，以及英语考试等环节更是需要提前认知和完成。因此，每一个选择出国留学的学生需要从出国准备环节就开始独自面对很多挑战与选择。所以，独立思考、研判分析、解决问题是出国留学必备的素养。下面我们将出国线呈现如下，希望为出国留学的学生提供系统的梳理和思考（图6-8）。

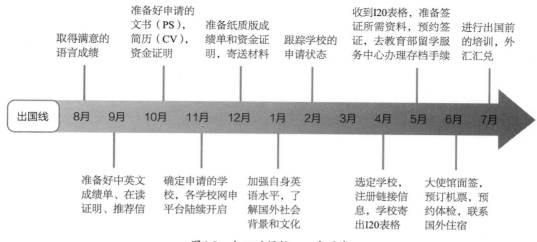

图6-8　大四时间轴——出国线

（五）学业线与就业线

在学业线的介绍里，我们已经绘制了简版学业线，但是有些大四学生可能会觉得大学期间偶尔出现一两门课程不及格也没关系，等到大四毕业之前补考通过就行了，不会影响毕业。现在我们将大四补考时间轴绘制出来，详细给大家分析一下（图6-9）。

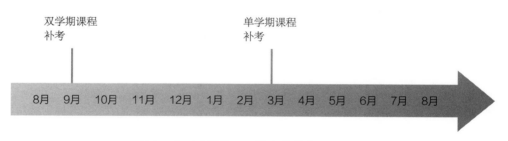

图6-9　大四时间轴——学业补考线

我们将大四学业补考线与就业线进行叠加会发现，如果参加9月份补考，假期就要准备复习，这会影响大三暑假的就业见习效果，甚至放弃就业见习机会。如果参加3月份补考，损失将更为严重。对于寒假前发放offer的企业，企业在签署三方协议之前，会向应聘毕业生查看大学成绩单在内的各种资料，如果企业发现应聘毕业生课程有不及格状态，会推迟录用时间，甚至会拒绝录用。因为任何一个企业都

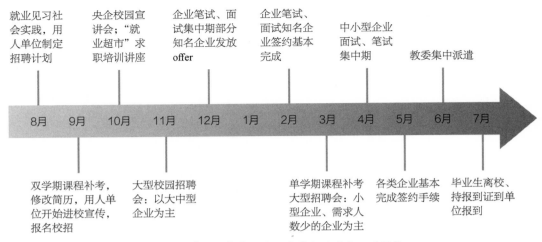

图6-10　学业补考线与就业线叠加后的大四时间轴

会选择课程合格、能够拿到毕业证的学生签署三方协议。如果此时参加补考，势必会错过很多优质企业的录用机会。这样的安排是非常冒险的，是否能有工作，是否能拿到毕业证先不说，很多同学承受不了这么大的压力。这里，我们只以课程补考为例，阐述了学业危机与就业的关系，还请大家举一反三思考四、六级考试、毕业设计等环节与就业的关系（图6-10）。

　　由此我们想给大家的建议是，在完成大三的学业时，确保自己所有课程都及格，将自己大四时间轴上的学业线简化，更加轻松、专注地投入到大四的学习生活中（图6-11）。

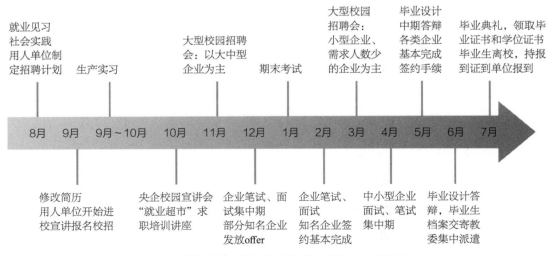

图6-11　简化版学业线与就业线叠加后的大四时间轴

（六）学业线与出国线

出国留学需要提前准备四样材料：大学成绩单、英语成绩、推荐信和个人简历。这四样材料对大家申请学校非常重要。以出国留学为目标的同学，整个大学期间都会非常努力，因为提交的成绩单中展现了大一到大四所有课程的成绩。所以准备出国留学的学生，学业线基本是不允许有补考记录的。尽快完成出国英语成绩认证，关系着大四网申学校的时间，所以大家要提前关注申报学校的时间要求，提早规划，提高学业成绩。同时要关注5月份去教育部留学服务中心办理存档手续的时间节点。个人档案是人生中非常重要的资料，出国留学前，大四学生需要将档案从学校转至留学人员服务中心妥善保存。如果不能如期从学校转入留学人员服务中心，将无法保证个人档案不被遗失。留学结束后，个人档案将会转出至入职的单位，并跟随一生（图6-12）。

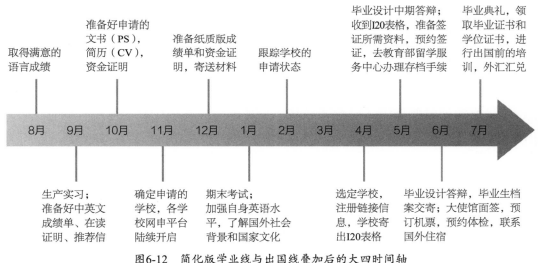

图6-12　简化版学业线与出国线叠加后的大四时间轴

（七）考研线与就业线

大四考研学生同时要面临毕业，所以大四考研学生肯定要将学业线与考研线进行融合。有些大四考研学生在备考的同时，也想兼顾就业，给自己多个选择的机会。我们将考研线与就业线叠加后发现。9月份前，考研的学生可以完成简历制作，这时距离考研初试还有3个月的时间。但10月和11月的宣讲会和招聘会后，企业还陆续安排笔试和面试，这个时候进入考研最后的冲刺阶段，如果考研的学生参加企业的笔试和面试，势必会影响备考节奏，所以建议想兼顾就业的考研生对于此时的就业面试要谨慎对待。进入12月，就业线中会有一场大型招聘，考研也进入白热化的备考状态。这场招聘会上，用人单位收到简历后，经过初步筛选，很有可能要到1月份再安排笔试或面试。这个时间是可以与考研时间错开的。如果招聘会在校内，时间成本会较低，可以尝试投简历。3月份公布考研成绩后，4月份复试。对于考研的学生，如果等到考研成绩公布后或者复试结束后，发现结果不理想，再参加就业招聘的话，的确会错过很多机会。建议所有考研学生，在初试结束后马上投入到就业状态，让自己把握住更多的机会。尤其是外地学生，要利用好寒假时间，回家积极找工作，多给自己几个备选，让自己处在更有利的位置（图6-13）。

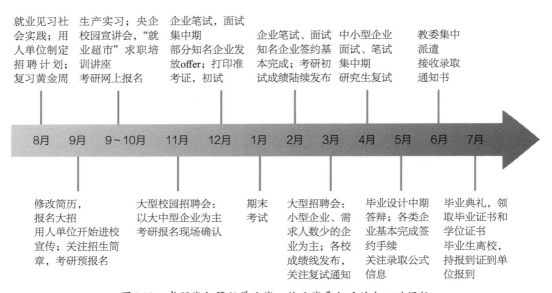

图6-13　考研线与简版学业线、就业线叠加后的大四时间轴

（八）考研线与出国线

有个别大四学生在考研和出国留学这两个选择中犹豫不决，希望同时兼顾。下面我们将考研线与就业线进行叠加，可以看出要想同时兼顾考研和出国留学并非易事，很可能影响效果。建议大四学生要做好选择，全身心投入一种选择，并认真准备，力争在大四结束的时候能得到满意的结果（图6-14）。

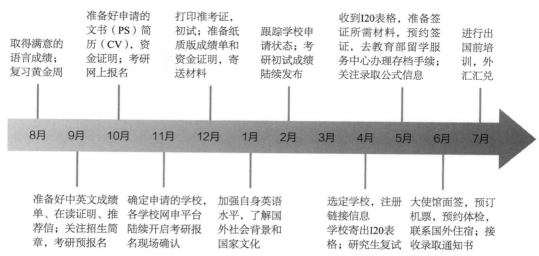

图6-14　考研线与出国线叠加后的大四时间轴

第七章

大学生创新能力培养的访谈案例

大学生创新能力培养贯穿于大学四年的全过程培养，这其中不仅包括课堂教学主渠道的创新教育，还包括学术活动、学科及科技竞赛在内的创新实践，以及对学生创造力培养的创新氛围营造。可以说，大学生创新能力培养需要以润物细无声的育人效果渗透于大学育人环境之中。本章以访谈形式，呈现笔者近十年在大学生创新能力培养中的访谈心得，希望能够通过生动的故事，从学校、教师、学生三个维度，立体化呈现大学生创新能力培养的影响因素、培养过程以及育人效果。

第一节　创新课程案例

当前，我国高等教育教学改革的目的就是要培养大批基础扎实、专业口径宽、适应性强的复合型创新人才。建筑类高校培养大学生创新精神和实践能力需要通过课堂主渠道，打开观念，打破传统课程教育"灌输式""填鸭式"教学方法，尊重和调动学生主动性、积极性和创造性。本节从课堂教育创新角度，以访谈形式记录了基础课、技术基础课和专业课三类课程的教学改革情况和育人效果。

一、高等数学教学改革访谈整理

在学校建设高水平、有特色建筑大学的路上，有这么一支队伍——他们致力于基础教学改革，以"深化教学改革，提升教学质量"为目标，积极探索教育教学规律，在高等数学教育改革中做出了一次又一次有益的探索与实践，取得了初步的成效。

（一）管放结合，构建教育新格局

"大学里有一棵高树（高数），上面挂（挂科）了好多人"，这句流传甚广的调侃折射了大学高等数学教与学的双重困境。一方面，在虚假实用主义的错误导引下，学生对高数的学习兴趣与动力普遍不足；另一方面，面对学校新阶段的发展目标，高等数学教学质量的好坏直接影响到学校本科教学质量的稳步提高。这对于理学院和高等数学教学团队无疑是一次严峻的挑战。高等数学教学改革势在必行。

压力之下的理学院和高等数学教学团队没有退缩。转变师生观念，是他们要做的首要事情。他们认为加强高等数学课程教学，不是简单地从表面上提高学生的考试成绩，而是要从本质上使学生掌握高等数学知识，为学生专业课学习、考研打下一个坚实的基础。这一理念的确定，需要所有教师和学生都必须改变原有思路。那如何做？

他们积极探索新的教学规制，提出了"管放结合"的教学理念。通过"管"，提升团队凝聚力、战斗力和过程控制力；通过"放"，释放老师各自独特的学科教学见解与实施张力。他们通过集体备课，定期交流重点难点、管理心得；通过实施月考，强化学习过程的监督与控制；通过个性化辅导，因材施教，及时关注学习困难的学生；通过考教分离，流水阅卷，评估实际教学效果；通过奖励和口头表扬，进一步激发师生的潜力。"管放结合"的教育规制下，理学院和高等数学教学团队的老师们解放思想，理顺了学生和教师的权责，构建出上下合力的教育新格局。

（二）因材施教，注重过程化管理

考试是教师教和学生学的指挥棒，也是教学改革的突破口。为了加强学生对高数学习的过程化管理，学院通过多次调研讨论，量身定做出符合我校高数教学规律的月考制度，并改革成绩评定方法为10%的平时成绩，30%的月考成绩（三次月考，每次10%）和60%的期末考试成绩，这不仅使学生重视学习的过程，而且也要求教师注重教学的过程。

因材施教是教育教学的基本原则，高等数学的教学也不例外。大学扩招、生源地不同、总分录取等各方面原因，导致学生的数学基础存在差距。为了保证大班教学的授课效果，教师也只能按照中等难度授课。这就造成部分同学"没吃饱"，还有部分同学"吃不下"。为此，学院开展早自习课前特色教学，为学生查漏补缺；开展晚自习面对面答疑，有针对性个性化教学；为少数民族单独开设辅导课，增加课外练习和测试；开设高等数学方法与提高选修课，为准备考研和参加数学竞赛的同学提供更高的学习平台。

个性化培养、全过程管理下的努力是有成效的。经过努力，同学们不仅出勤率提高了，听课率和课堂参与度也得到了提升。高数的讲解内容虽然增加了，试卷变难了，但学生们的成绩不仅没有下降，相反还得到大幅提升。目前，高等数学每学期总评成绩的平均及格率都超过80%。参与全国大学生数学建模竞赛和北京市数学竞赛的人数也比以往有大幅度增加。

（三）科学评价，促成良好教风学风

考试是考查学生知识掌握程度的一个重要途径。好的考试模式既可以对教学过程进行监控，又可以对教学结果进行评价。为了调动教师"教"与学生"学"的积极性，学院严格执行高等数学考教分离政策，成立了由非任课教师组成的专家命题小组，采用了高质量的试题库选题，题目难度高、涉猎面广。"现在每次月考完，老师们就像等待检阅的士兵一样，期待着成绩。"理学院白羽老师说。执行考教分离以来，任课教师不断改进教学方法，努力提高教学水平；命题组教师认真负责，反复推敲试卷水平。无形中，教师间增进了相互的理解，改进了教师的教风。

同时，为了增强阅卷评分的公正性，学院采用集体流水阅卷制度。要求统一命题的同时，学院制定统一的参考答案和评分标准。阅卷教师严格遵守阅卷纪律、阅卷规范和程序，做到评分严谨公平公正。这不仅增加了公开性和透明度，减少了主观性，考试成绩可信度也较高，有利于良好考风的形成。"同学们现在对于高等数学学习没有了侥幸心理，考教分离不仅告诉老师们要认真备课，积极改良教学方案，更提升了学生对于高数学习的主动性和积极性。"理学院数学系主任刘老师说。

（四）注重反馈，全方位形成合力

一个完整的教育教学过程必须包含评价分析这一环节。高等数学教学效果的提升，不仅需要高数教学质量的提升，更需要寻求多方的教育力量，构建全方位的教育合力。每次考试后，学院要求高数老师不仅要将所带班级成绩进行对比，而且还会组织高等数学的教学反馈会，将各学院成绩分析对比反馈给学院，寻求学院决策层面的智力支持。

任课老师也会及时将班级成绩分析反馈给辅导员，并针对特殊问题，查找原因，制定出后续对策。"每次我们拿到高数老师的成绩分析时，我们都被高数老师认真严谨的工作态度感动，感觉我们的学生很幸福，也深感学生思想工作在高数教学中的重要性，高数学好了，学生其他的成绩也都会提升的，这是联动的。"土木学院辅导员宋老师说。考试成绩是对教育教学成果的量化，也是对学生能力的量化，理学院和高等数学教学团队充分、及时的成绩反馈有利于寻找教学中存在的问题，优化教育资源。目前，高数成绩已经习惯性地成了各学院学风建设的重要抓手。

二、工程制图教学创新访谈整理

从遥远的古代，图即与建筑设计、建筑群规划紧密关联；图与建筑的进步、演化相生相伴。图既可以作为设计的表达载体，又可以作为建筑物的忠实记录。即使有些建筑被历史长河或自然灾害淹没，但若有图在，建筑便有希望复生……

图呈建筑，是北京建筑大学理学院杨谆教学团队近年来在图学教学领域完成的一项具有一定创新性的教学课程实践。在学校特色资源库里，翻阅着《图呈建筑》的资料，一种专业的自豪感油然而生（图7-1）。

图7-1 图呈建筑

（一）提高学生的兴趣

工程制图是学校的基础课，作为建筑类大学，让学生掌握基本的绘图本领，是每一位工程制图老师的责任所在。而在现实教学中，制图课程的空间抽象思维、图示表达以及工程图绘制一直是课程学习的难点，有些学生望而生畏，有些学生对复杂的工程图绘制缺乏耐心和理解，这些造成部分学生在学习中产生抵触心理。为了提高教学效果，提高学生学习制图课程的兴趣和积极性，理学院杨谆老师以"呈现建筑的图"为主线，从文化层面对制图课程相关知识进行梳理，力图以图文并茂的形式把制图教学资源整理成一部故事书或者"连环画"。其中有自史前文化经漫漫历史长河直至现代高科技时代的"图之嬗变"；也有自古人类原始绘图直至现代运用计算机绘图画图方法的"图之工具"；还有以直观、生动有趣的动画视频呈现的晦涩难懂的"图之理论"；以及以丰富多彩的实际工程呈现的"图之类别"；更有讲述建筑设计内涵及背后故事的"图之呈现"……

在这些资源的整理、归纳和创作过程中，杨谆老师充分挖掘学生的潜力，让学生们参与到特色资源库的建设中来，有来自不同学院、不同专业、不同年级的近百名学生参加了项目建设。通过参加"图呈建筑"项目，学生们对工程制图的作用、历史以及与建筑的渊源，有了更深刻的了解和认识，让学生真正明白，作为一名建筑类大学的学生，看图是从事建筑行业的基本素养，学习工程制图要从爱上图开始。

（二）激励学生动手实践

当学生爱上图，学生就有了学习的兴趣和欲望。"特色资源库里呈现的建筑图纸有很多是学生的作品"，杨老师谈到通过特色资源库这个平台来展示学生优秀作业及作品，起到了很大激励作用。在这种激励下，学生们创造出更多出色的作品。"现在很多非土建专业的学生画出的图也很棒，他们还会尝试着学习课程要求之外的绘图软件。"杨老师说。经管学院王茂远同学就是其中一员，他不仅熟练掌握CAD制图软件，而且还对三维制图的SketchUp设计软件情有独钟；经管学院的薛佳敏同学则有一手漂亮的渲染手绘功夫，经她绘制的效果图一点不比专业的学生逊色。

学习有了主动性，学习中的困难也就迎刃而解了。而有了爱，也就有了一切的不可能。现在在学生眼里，每一张图都是他们的作品，为了让自己的作品有资格在特色资源库上展示，学生会主动观察身边的建筑。当一个个设计意图通过一幅幅规范而漂亮的图纸展现出来时，学生们的成就感油然而生。工程制图课程学习进入一个良性循环，一群爱上制图的学生们从课上走到课下，成立了图友社。图友社的指导教师也是杨谆老师教学团队，在师生的互动下，他们又有了更加深入的研究，手绘、动漫……他们有了一切的不可能。

（三）追求创新的教学团队

杨谆老师是个平和的人，低调、谦和的背后透露着一种做人的质朴。采访中她一直在强调："只是做了一点儿该做的事情"，"图呈建筑教学成果的取得，应该属于团队每个成员，是大家支持、共同努力的结果。例如，老教师张士杰，为了能够在网络上展现斗栱三维动态拆解模型，经常在电脑前反复推敲；青年教师王少钦，能力强、思维活跃，为资源库建设提出了很多想法；建筑学院研究生是资源库建设的骨干力量。是团队每个成员的付出和努力才造就了今天的成绩。"

"吃苦在前，是杨老师做人做事的准则。杨老师做任何事情总是把别人的利益考虑在先，吃亏是福是她常挂在嘴边的话。"团队教师王少钦说。每周一次的组会，是团队坚守的制度。尽管牺牲了很多休息时间，但只要能把该做的事情做好就值得。杨谆老师认为学校的发展需要年轻人，青年教师也需要平台展示，传帮带中才能寻求整体的发展。在杨老师勤勉、踏实的影响和带动下，团队青年教师王少钦、刘晓然在教学中进步很快，她们在北京市大学生工程设计表达竞赛以及高教杯全国大学生先进成图技术及产品创新大赛中获得了优秀指导教师奖。平淡中的坚守让很多不易的事情成为现实。也许在杨谆教学团队的心中，图纸上的乐趣与美妙是人生最曼妙的风景。

三、"景框里的城市"创新课程访谈整理

夜色里挂起一轮明月，不宽不窄的街巷人声鼎沸，木箱中点起一片灯光，静谧中玲珑景致山河无疆；

割一扇古窗，方寸之间容下北京老街，古都一角；

折一艘竹筏，顷刻之间载起江南胜景，陕北风情；

裁一面围墙，起落间筑造斗栱交错，绣闼雕甍……

这些都是建筑学院学生设计课作业，一个个灯箱里呈现着镜像里的建筑世界，黑色代表镜头，透过形状各异的景框，让观者看到了人与自然的融合，看到了建筑空间的伸缩，光线、色彩、质感的剧烈变换使窥见的景物巧妙地在三维与二维间转换，仿若幻境。这是建筑学院教学与学生工作第一次深度合作的尝试。

（一）开放式选题引发设计灵感

"景框里的城市"在师生间还有另外一个名字"空间小舞台"。这个唯美的名字勾起了许多学生的遐想，其实这次课题与建筑大家的设计作品有着巧妙深远的联系。米开朗基罗在美第奇小教堂中，利用假的柱廊，室外窗和棋盘格铺地塑造了一个幻境，内外模糊。柯布西耶在湖畔之家无边的风景面前竖起了一堵墙，然后开了一扇窗。而"景框里的城市"有着异曲同工之妙，一个界面，若干窗口，内外判然两个世界。建筑大师的灵感无形之中启发着学生们的设计思考。

"本来想选北京，考虑到外地同学，改为在家乡找一个有特色街景。"设计课齐莹老师谈到选题策划时说道。选景是对个人的训练，制作过程中有对美术的要求、角度的选择，也有需要通过重新转化、尺度提炼、灯光等表现形式的推翻再确立。的确，一件好的建筑作品需要建筑师不断提炼自己的想法。建筑学班的张文仪说："设计并没有什么固定的标准，每个人都有自己的想法，想到了，just do it。""没大家辛苦还拿了高分，后来才发现我在脑子里下的功夫也不浅。"环设班的傅纶宇学过美术，习惯凡事先着眼整体。在做模型前，他先用打印纸大致粘一个框架出来，定好要表现的范围和透视，而后剪出最基础的轮廓，确定透视没问题再固定上去。他在创作时一直想着老师所说的"随时停下来都是幅完整的画"。

（二）设计思维培养创新意识

"这是一次创新教育的课堂尝试，共有18位指导老师分别从艺术、景观、规划等方面各有侧重地交叉指导。"齐老师谈道。纵向对比去年同期，那时作业是魏森霍夫模型制作，它属于基本功训练的二维表现，要求学生最大限度地复制建筑原型，这个过程学生只要模仿就可以，学生作业都长得一样；而"景框里的城市"要求学生通过选取照片、分析场景、融入自己的设计理念，制作二维三维间的转换模型，学生选的场景各异，表现手法多样，每一件作业都是唯一的设计艺术作品。"这是建筑学院一年级学生第一次正式接受设计理念的课堂教育，这种设计思维的培养本身就是创新素养的培育，这也是每一位建筑师应该具备的基本素养。"齐老师说。

创新课程是一整套课程的创新，学院对魏森霍夫模型制作课程也进行了改良，目前安排在"景框里的城市"制作之后。从前是图纸抄绘后制作模型，改良后的魏森霍夫模型制作将从二维转向三维，抽象训练融合设计，体现质地与装饰的区别，会挑战更多材料，层化将更加分明。材料等级的提升意味着课程难度的提高，在魏森霍夫模型制作中老师将鼓励大家创新制作形式，可以借助3D打印机，激光雕刻等辅助模型制作工具。

（三）高品质作业源自精益求精

同学曾在班里问老师"什么时候放假没有作业就好了"，齐老师幽默回答"难道打游戏还分放假上学？新手从1至10级升级快，而60到61级却很慢，哪怕老师到达90级，也需要经常给自己充电。"齐莹老师用生动的例子讲述了自我要求的重要性。她认为做设计要有高追求，要跟玩一样，玩出创意，玩出艺术。

"山川伏绣户，日月近雕梁"，这是建筑学院金秋野老师要求学生能够表现出的建筑意境。在制作模型过程中，经常有学生因为不满意自己的作品，把做好的图纸撕了，重新来做。古建的任毅在模型制作中遇到了很多困难，几次撕毁自己的图纸。他说道："我难以在局限的小箱子纵深空间里表达出实际的景深，再加上选景图片中有含有水面、倒影，这就更难了，所以几度撕图。不过也就是因此，才引发了我对纸雕的思考，用一层层平面表达深度，近处场景细化，中远景概括为轮廓，使得效果好了许多。同时在老师指导下，用夸张的方法将影子做出来，然后将实景具体化、精细化以表达出区别。"齐莹老师经常嘱咐学生："要有做好的决心，多思考。"

"景框里的城市"课程是设计系列课程的开端。头脑风暴式的讨论，一个个或合理、或奇葩的想法，一轮轮方案的提出与否决，让同学们在小木盒子中表现出了一个个广阔又有深度的建筑景观，课程设计既让人期待，也让人迷茫。这可能就是建筑设计的魅力所在：创新从设计开始，从无标准答案，无法预料结果，没有标准的评定法则（图7-2、图7-3）。

图7-2 "景框里的城市"学生作品1

图7-3 "景框里的城市"学生作品2

四、《传统手工艺与现代设计》实践课程创新访谈整理

"艺术是要服务人民群众的"，这是建筑学院设计艺术系马逸飞同学参加学校党委宣传部发起的"服务延庆'秀美乡村 成风化人'行动"的真实感受。

2016～2018年，建筑学院设计艺术系师生先后完成了在延庆井庄镇艾官营村和柳沟村的墙画创作工作。融合思想政治工作的专业教学改革，已经成为设计艺术系专业教学改革的前进方向（图7-4）。

（一）在实际工作中体验不同课程的融会贯通

"教书育人，是每一位教师肩负的重要责任。"赵希岗教授介绍，原本在教室里的《传统手工艺与现代设计》课程开到了新农村现场，这不仅是课程改革形式上的创新，更是理论指导实践、教书与育人的有机融合。"这个课堂对我们吸引力很大，看着老师身体力行在现场绘画讲解，我们的好奇心也被调动起来，也想拿着画笔试试，求知欲望很强烈，实践中我们体会到了新剪纸艺术的艺术性和设计理念，体会到了美意与情意在创作中的融合。"工业设计班吴宇辉说。采访中，同学们都感觉这种真题真做的实践教学模式很有意义，在实践中获得的感悟不仅是知识上的突破，更是人生的感悟。活动中男生主动承担面向阳光的任务墙，女生为男生打

图7-4　《传统手工艺与现代设计》实践课程作业

水喝……一幅幅诚信友善的画面生动地勾勒了出来。"我们不仅仅是在画'富强民主''诚信友善',更是在践行社会主义核心价值观。"吴宇辉说。

看似几天的墙画绘制工作,背后却融合了美术、视觉传达设计、公共艺术空间、环境设计等多门课程的学习,赵老师希望同学们通过这几天的学习体会不同课程在实际工作中的融会贯通。在以招贴画形式展示中华传统文化的同时,融入社会学习,服务新农村建设;在与村民同吃同住过程中体验乡村生活,感受淳朴民风,净化心灵,提升创作灵感。

对于绘制内容赵老师也颇费心思,这次墙画以赵希岗老师的新剪纸、张庆春老师的中华篆刻以及"梅竹松莲"为主要设计元素。"实际绘制的墙面与预想的尺寸有差别,要根据实际墙面进行现场创作。"赵老师说,"现场绘制的墙面造型瘦长,如何把预想的内容融合在一起并艺术化表达出来。"一个个接踵而来的问题考验着现场的师生。赵老师从问题出发,引发学生思考,把现场创作当成了一次很好的教学案例。赵老师边说边画,看着跃然墙面的社会主义核心价值观招贴画,同学们肃然起敬。"烈日下,赵老师跟我们奋斗在一起,我们很感动!""看着自己绘制的社会主义核心价值观招贴画很有成就感。""这次课程的学习不仅学的是知识,更是一种求索的精神,同学们感触良多。"教书育人,赵老师是这么说,也是这么做的。

(二)从中华优秀传统文化中汲取创作灵感

如何增强思想政治工作的亲和力和针对性,一直是学校深入思考的问题。早在全国高校思想政治工作会议召开前,学校就一直探索着社会主义核心价值观融入式教育模式,在赵希岗老师《传统手工艺与现代设计》教学实践改革的同时,建筑学院设计艺术系在校党委宣传部的号召下,结合思想政治工作要求,深化教学改革,在环境设计专业培养方案中,结合专业培养贯穿体现中华优秀传统文化和社会主义核心价值观的系列辅线课程,在各年级不同课程中延续中华优秀传统文化、传统营造技艺的课程,开设主干专业课和体现传统文化的系列选修课,如选修课程古建彩画、传统技艺与现代设计、传统绘画与现代设计、传统装饰测绘等。多路并举将中华优秀传统文化和社会主义核心价值观教育融入其中。

除此之外,设计艺术系发挥专业教师的作用,将社会主义核心价值观、中华优秀传统文化融入专业课程教学内容。"这次教学改革我们把做人做事的基本道理、把社会主义核心价值观的要求、把实现民族复兴的理想和责任融入专业课程教学之中，发挥每一位老师的课堂创造能力，用足三尺讲台。"建筑学院设计艺术系主任张笑楠举例说。老师们会选择红色文化遗产案例，将中国革命史融入专业课堂，激发学生爱国热情，譬如在讲解遗产展示课程时，选取林觉民故居为例，介绍《与妻书》的背景，讲述辛亥革命推翻封建王朝的重大意义；在讲到要克服迟到、避免学习畏难情绪和过度追求奢侈品时，会推荐大家看《玄奘大师》，学习玄奘坚韧不拔、西行取经的精神；推荐《曾国藩家训》克勤克俭，严格要求自己……这些内容逐渐纳入老师备课的内容，丰富着环境设计课堂。

（三）让设计课服务校园文化建设

早在2015年，设计艺术系的师生们就在党委宣传部的带领下参与到学校视觉形象识别系统的设计中来。活动发挥师生专业所长，通过师生对学校历史、精神的理解，将所学为所用，真题真做，将校园文化建设融合到第一课堂教学。师生在设计过程中，知校爱校，用智慧的结晶服务校园文化建设。

今天，设计艺术系师生继续积极服务学校的校园文化建设。他们将优秀传统文化中"家国情怀""学以报国""仁义礼智信"等积极元素和社会主义核心价值观引入学院楼宇文化建设。将"敬业""爱国""仁义"等分别作为班级的装饰，把简易的门牌号变为"敬业班""爱国班""礼"字班、"信"字班等标牌。通过楼宇中名人事迹的环境设计，引导学生向历史名人、革命先烈、行业翘楚学习，建功立业。以文化人、以文育人已经融合为设计艺术系教书育人的又一工作亮点。

三尺讲台虽小，但立德树人责任重大。在思想政治工作的道路上，设计艺术系的老师们敬畏着讲台、珍惜着讲台、热爱着讲台，他们在投身课堂教学过程中，积极探索课堂育人模式，守好一段渠、种好责任田，与思政工作同向同行，协同育人。

第二节　创新实践案例

实践是创新的源泉。大学生科技创新能力培养需要丰富的创新实践机会，在实践中将专业知识和技能转化为创新能力。这个实践不仅蕴含着丰富的科技技能，如实事求是的科研精神、精益求精的工匠精神，而且还需要观念、情感、意志等人文因素的综合作用，良好的合作意识、团队意识和社会责任感，能够保障大学生科技创新的顺利进行，取得更多的创新研究成果。本节的创新实践案例，以访谈形式记录并整理了笔者十年间在学科竞赛、科技竞赛、学术组织、社会实践、校园景观、优秀校友等方面对大学生科技创新能力的培养和育人效果。

一、美国大学生数学建模竞赛一等奖获奖团队访谈整理

热水浴进出水设计、太空垃圾回收、慈善基金的捐赠与分配、社交网络中信息传播和演化的测量、我们的地球会受渴吗、难民移民政策建模……你能想象这些都是美国大学生数学建模竞赛（MCM/ICM）（以下简称"美赛"）的选题吗？看到这样的赛题，让人难免要诧异：都说学来无用的高数居然能解决这么多社会问题？

"美赛"作为唯一的国际性数学建模竞赛，也是目前世界范围内最具影响力的数学建模竞赛，可谓各类数学建模竞赛之鼻祖。2016年，北京建筑大学初次参赛的两支队伍分别荣获一等奖和二等奖。带着对参赛团队的好奇与崇拜，我们采访到了理学院白羽老师（时任理学院科研副院长）。

（一）以用促学寻创新

高数学习到底有什么用？这是很多同学困惑的问题。看到建模大赛的赛题，这些问题就不翼而飞了。NBA赛场的赛程安排、奥运期间公交线路优化、太阳影子定位……这些社会问题的解答都需要高数来解答。在今年美赛社交网络中信息传播和演化测量题目中，学生们利用微分方程，借鉴了传染病传播的SIR模型，建立了社交网络中信息传播的模型，并进行了数值仿真。"生活中的很多问题都和高数有着千丝万缕的关系。如果带着解决实际问题的视角去学高数，每个学生都会爱上高数"，白老师认为学生参与"美赛"不仅是对高数基础知识的巩固和提升，也是交叉学科学习、拓宽视野的一次良好锻炼。参赛同学不仅要求高数基础好、英语水平高，而且要有实践分析能力、团队协作能力，这是一次理论与实践的碰撞。

"不仅如此，这些大赛也为我们的教师开阔了视野。"白老师说。以用促学，是提升学生高数学习兴趣的良好途径，这些赛题对老师们的教学与科研有很大的启发。"都说理学院是做基础教学的，老师们的科研方向比较局限。如果老师们视

野打开了，会发现很多学科的基础研究都离不开数学。寻求交叉学科的科研创新，是理学院'十三五'期间重点工作之一"，白老师向我们介绍到去年理学院获得国家自然科学基金资助的王恒友老师的研究方向，也是基于数学在图像处理方面的应用。

（二）流程再造创佳绩

作为参赛队伍的指导老师，谈到两支队伍取得的好成绩时，白老师难掩内心的高兴和激动，"虽然是第一次参赛，但是对于队员的选拔却早在去年春天就启动了。"在去年的数理文化节活动中，来自土木、环能、经管、机电、电信、理学院的81位学生参加了首届校内数学建模竞赛，学院成立了专门的数学建模竞赛指导教师小组，从中选拔出了校内一、二等奖队伍进行深度培训，培训后经优化重组，推选参加全国大学生数学建模竞赛，并获得北京赛区一等奖1项，二等奖2项。这些获奖队员就成了参加"美赛"的队员主要来源。任何事情做出成绩的背后，一定要有一套清晰的处理流程，这些因素甚至决定着事情的成败。优质队员的组成是这次"美赛"获奖的重要因素，这得益于对整个竞赛流程的把握。

数学建模竞赛是团队赛，有了优质的生源，还要明确成员分工。"建模竞赛获奖的团队有着明确的任务分工，他们团队协作能力很强。"白老师说。"美赛"从拿到赛题到提交论文，共有四天时间，学生要充分利用这96个小时，分析赛题、建模、解答，并用英文撰写成论文提交。每支队伍的三名同学分别负责建模、编程、撰写论文，他们各司其职，配合默契，这些都为获奖奠定了坚实的基础。

如何激发师生的教与学的兴趣，是高等数学教学改革中探索的目标。高等数学教学团队的老师们用实际行动在告诉大家，原来高数与我们的生活如此之近，魅力如此之大，高等数学还可以这样教、这样学。

二、同济大学建造节一等奖获奖团队访谈整理

我们所理解的建筑，也许仅仅是由钢筋、水泥等材料筑建起来的供人们居住的空间场所。而如果用瓦楞纸板来做一个可居可游的建筑物，会是怎样的呢？

在第八届同济大学建造节暨"华城杯"纸板建筑设计建造竞赛中，由建筑学院12名同学组成的参赛团队，制作的参赛作品"折景"，为我们勾勒了另一种建筑表

达形式，带来了一次建筑视觉盛宴。作品"折景"荣获大赛一等奖。

（一）头脑风暴启发设计灵感

百忙之中，6名参赛队员接受了我们的采访。在采访中得知，这是学校第一次参赛，从接到通知到比赛，只有一个月的时间。同学们接到通知后，感觉这么短的时间里要做出完美的作品，必须要有一个整体计划和设计方案。而设计方案一旦确定，就会对后期建造产生重要的影响。如何在紧张的时间里拿出有效的设计方案，成为这支团队首要解决的问题。队长刘久源向我们解释道："大家都很忙，除了参加比赛，还有其他的课业需要完成。为了在短时间里得到一个满意的方案，头脑风暴无疑是最直接有效的方法。"为此，金秋野老师还专门为这个团队配备了一名研究生，帮助他们一起讨论。

成功从选定方向开始。会前，团队的12个人每人会出一个方案和纸做的小草模。头脑风暴时，每个人都会对自己的设计方案进行解说，同时也会得到来自其他队员的意见反馈，这里面有优势的借鉴，也有问题的批判。在每一次借鉴和批判后，团队会进行方案优化，这种会每次短则一小时，长则两三个小时。同学们在这段时间里有效地将方案汇总、分析、优化，这个过程不仅开拓了队员的思维，也加深了队员彼此的了解，增进了友谊。就像队员李晓洁所说："表达讨论自己的观点是很重要的，每个人都参与其中，勇敢表达自己的想法，加上老师的辛勤指导，大家集思广益，才有了最终的作品。"

在综合考虑比赛的赛时、赛制后，"折景"的初步雏形就出来了，和对一般建筑的要求一样，它应该是一个要坚固、适用、美观，能防潮防雨的纸板建筑，大赛对瓦楞纸材质的界定，决定比赛作品要能充分利用和展示瓦楞纸的特性。韩笑说："我们用的就是它的可折叠性，以重复单元构建起来的一个建筑物。同时要考虑到采光和门窗，满足一个建筑的基本要求。我们把它定位是一个能容纳12人的外观类似教堂的纸板建筑。"

（二）让纸面建筑立起来

有了初步的设计方案后，下一步要做的就是如何让这个纸面建筑立起来。

"原以为我们建筑设计的使命是只要足够美观就行，参与这次竞赛后，我发现想让纸面建筑立起来，只求美观是不够的。"采访中队员尹美辰感慨万分。纸上的草模太小，实现起来很简单，操作时不会考虑，也不会预见预应力和支撑点等建筑结构问题。但要建一个2米高、占地面积24平方米的瓦楞纸材质的建筑实物时，各种建筑结构问题就会接踵而来。如何漂亮地将设计图纸跃然于现实空间中，这需要的不仅仅是设计灵感，更需要扎实的结构知识。才大一的他们，哪里学过建筑结构，但是凭着一次次的实践和老师们的指导，他们不仅从感官上认识了建筑结构，而且还摸索出了一些结构架构的小规律。这对于他们，感觉像是提前上了一堂专业课，也让他们感受到建筑是一种多元化知识与文化的呈现，要想设计出好的建筑，需要融合多学科的知识，学好每一门课。

立得起来，还要立得久。大赛规定参赛作品做好后要有一个24小时的空间体验，也就是说建筑作品不仅能容纳12个队员，而且还必须能够实现这12个人在空间里的24小时体验。这不仅要求建筑作品美观、适用、结实，而且能够经得住24小时的自然条件考验，譬如说下雨。天公可能是有意给每个参赛小组加试了一道难题。比赛当天下雨了。同学们之前对于不同防水材料的试用，经住了考验。第二天，"折景"还坚挺地立在那里，除了防水涂层上挂着些水珠外，内部空间和外部结构没有受到任何影响，同学们经住了考验。实践出真知，在不停的实践和摸索中，成功就临近了。

（三）坚持手绘，展示扎实基本功

谈到成功，队员们认为手绘图纸是他们区别于其他作品的又一大亮点。尽管比赛时间紧张，制作周期短，为了节省制作时间和精力，可以选择用电脑制作宣传图纸，但金秋野老师坚持让团队出一份带有渲染手法的手绘图纸，这不仅是对团队扎实基本功的一个良好展现，更是对团队严谨做事态度的一个良好呈现。在仔细分析后，团队成员一致达成了这个方案，虽然制作工序复杂一些，但还是可以完成的，既然要参赛，就要尽全力，这无疑是比赛的加分项。

为此，同学们选择用黑色卡纸上立体展示制作流程图，每一个单元制作工序的裁剪、制作、拼接……鲜活地呈现在黑色卡纸上，即使是非专业人士也能一目了然。这和现场其他团队的电脑绘图比起来，不仅形式新颖，更凸显了学校渲染方面的专业优势，当评委老师走到作品前，同学们看到了评委老师认可的目光。时间、材质、工序……之前一切的不可能都变成了现实，这些都源于坚持，持之以恒，成功就不远。

（四）团队协作，战胜困难

一个人可以走得更快，但一群人可以走得更远。"折景"的制作团队里有一套流水作业流程，团队里的每一个人有着明确分工，都发挥着自己的才干，有着属于自己的团队价值。

从CAD打印图纸、SketchUp建模，到裁剪、扎点、划线、折痕、敲打、折叠、铆接……一项项工序需要队员们的紧密合作才能按时完成。团队中他们准确定位每一位队员的特性，发挥各自不同的优势。男生力气大，裁剪、折痕、敲打、折叠、铆接，这些工序就分给男生，女生细致柔弱，打印、建模、扎点、划线，这些工序发挥女生优势。7毫米的纸壳在团队的精细分工下，被分割成了不同形状的单元，又在神奇的折叠工艺下，组合成了48立方米的建筑作品（图7-5）。

回想起那段奋斗的日子，队长刘久源说："团队合作是那段经历给我的最大收获。在疲惫不堪时，是队友的一个眼神、一个微笑，给予我们的鼓励，给予我们的希望，帮助我们战胜困难继续前行。"的确，正是因为这支团队有了这种团队合作的力量，才使得每一位队员积极发挥着自己的聪明才智，才能在短暂的时间里精细地完成作品，赞誉而归。在瞬息变化的信息时代，一个人的智力再超群，能力再突

图7-5　建造节作品

出也无法全面掌握各方面的信息和才智，只有在团队合作中，才能做到游刃有余，获取最终的胜利。

三、以课题组为单元的创新人才培养访谈整理

看着生动的漫画"猫老师"，我不仅要赞叹学生好有才，赞叹之余也很好奇，漫画中这么"拼"的"猫老师"是谁呢？为什么管老师叫"猫老师"呢？带着好奇我们走进了漫画作者所在的课题组，原来它出自于"新型环境修复材料与技术"课题组（以下简称"NMTer"课题组）李金同学之手，而画中的"猫老师"就是该课题组的负责人——王崇臣教授（图7-6～图7-9）。

"学高为师、身正为范"，导师在授业、解惑的过程中所体现出来的严谨务实、一心求真的科研态度能够潜移默化地影响我们。

图7-6 为青春筑梦的猫老师1（作者：李金）

日常本科教学过程中，我们所做的大多是验证性实验，容易出现被动接受的情况。而带着个人兴趣的研究是一种主动探究的过程，能够激发强烈的进取精神，从而获得创新性成果，增强我们自己动手自主从事科研工作的能力和信心。

图7-7 为青春筑梦的猫老师2（作者：李金）

参与科研活动有助于全面提高综合素质。参加创新项目，从项目的申报、评审、立项、实施到结题是一个完整的过程，是我们锻炼与检验所学能力与知识的大好机会。

图7-8 为青春筑梦的猫老师3（作者：李金）

最后，感谢大家庭——NMTer课题组。老师们就像家长，师哥师姐就像兄长，他们包容着我们的过错，欣慰着我们的成长。王老师常说，师生之间是互相成全的。很荣幸能够得到课题组的垂青，我们在这片沃土上成长，也将为这片沃土撑起一隅阴凉。

图7-9 为青春筑梦的猫老师4（作者：李金）

（一）学生心目中的"大王"

早上8：30，记者走进了"NMTer"课题组的实验室，实验室的学生们正在认真地做实验。"这个还得问问'大王'"，实验中的同学们正在纠结一个问题，随口的一句话，让我联想到了漫画中的"猫先生"。

"同学，你们说的'大王'是谁？"记者连忙问道。

科研助理李晓玉回答道："当然是王崇臣老师。"李晓玉谈到，课题组一共有两位王老师——王崇臣和王鹏。他们一个管科研，一个管科普。同学们在课题组有很强的归属感，只要没课，课题组同学都会来做实验，大家亲切地称呼两位王老师为"大王、小王"，而又因王崇臣老师家养有一只黑色的猫咪。所以，李金同学形象地给王崇臣老师画了组"猫老师"的漫画。

"跟着王老师可以学到好多东西。"课题组王朝阳说，和王老师相处久了，有父亲的感觉，"王老师会默默地引导改掉一些不好的习惯。生活中遇到困难时，他还会主动找我们谈，帮我们想办法解决。"采访王崇臣老师已经有两次了，对于这个称呼，记者还是第一次听到。看来课题组的科研氛围已经融洽成一家人了。

（二）唤醒学生的创造力

"学生的创造力无穷，我们教学生更多的是要唤醒学生，让学生感受到工作乐趣、社会的价值，鼓励学生主动学习、探知未来。"王崇臣说。

课题组同学经过一段时间的组会学习后，都会根据自己的喜好，明确研究方向。李晓玉介绍："王老师很舍得，很支持我们做实验，只要是合理需求，不管多贵，王老师都会支持，这样同学们的想法会更多。"

"教育不是灌满一桶水，而是点燃一把火"，王崇臣认为高校教师责任重大，应持续鼓励学生，这不仅是成全学生，更是教与学的相互成全。"我们不能用爬树的能力衡量一条鱼的能力；不要给青年人灌输成功的思想就是获得习惯意义上的成功；鼓励学生采取行动；工作最重要的东西是工作中的乐趣和工作中得到成果的乐趣，以及对该成果社会价值的感知。"这些是爱因斯坦的《我的世界观》中王崇臣老师教导学生经常引用的四句话。

（三）把教学做成了"中央厨房"

"我的学生都很有才！"诙谐中，王老师自豪地介绍着组内同学的现状。他认为，作为高校教师，应该具有"得天下英才而育之，一乐也"的情怀，应该将工作重心放在"教书育人"上，这是进入高校成为人民教师的初心。他是这么想也是这么做的。

为了能让每个学生成长为英才，王崇臣积极探索能让学生掌握更多知识的教学方法。"如果把知识看作厨师烹饪的原材料，那么不同的厨师会呈现不同口味的饭菜，而不同的食客吃相同的饭菜也会有不同的感受。"王崇臣把教学做成了"中央厨房"，按照学生各自的需求，调制成不同需求下的教学内容：精美而丰富的教学课件、典型案例、在线课程、翻转课堂、小班研讨。

以课题组为基础的"通专结合"的人才培养模式，是课题组近些年人才培养的一大特色。所谓"通专结合"是指"通识教育+专业教育"，课题组同学在做科研获取自然科学的同时，还要参与水文化遗产的研究，并依托开放性科学实践项目讲演出来，让学生在获取科学知识的同时，提升美学文学素养。王崇臣说："能够带领小朋友们认识新事物，把自己知道的东西教给他们，很开心，很有成就感，也特别能锻炼我的知识传达能力。"

（四）师生创造力快速发展

课题组的历练，让学生的综合素质有了全面的提升。组会制度锻炼了学生语言表达、总结、写作；组会的强制发言制度，"逼迫"着学生敏锐地捕获知识点；周记制度让学生养成了爱记录、勤思考的好习惯；朋辈传承制度让学生学会了团队协作……学生的科研素养得到提升，课题组学习氛围得到滋养，师生创造力得到快速发展。

因材施教下，学生的才能也如五月的鲜花恣意地绽放着。河海大学、中国地质大学、南威尔士大学、米兰理工大学……以课题组去年（2019年）毕业的10个本科生为例，8名考上了硕士研究生。课题组的研究生毕业时人均发表SCI论文2~3篇，高影响因子论文数量逐年提升。

"待到桃李满天下，我在丛中笑。"谈到学生的成就，王崇臣不禁喜上眉梢。高校教师的初心和本分就是教书育人，其所从事的科研工作是为了更好地贯彻教书育人。不忘初心、守住本分，提高教学和育人质量，才能实现自身价值。

四、社会实践访谈整理

"读万卷书，行万里路"，在北京各高校纷纷将贯彻落实社会主义核心价值观工作与教育教学相融合时，北京建筑大学有这么一支队伍，他们立足本职工作，将核心价值观教育与社会实践相融合，大胆实践，开拓出了一条有特色的社会主义核心价值观实践之路。

（一）知行相济

践行社会主义核心价值观需要载体，如何将社会主义核心价值观教育转化为学生喜闻乐见、便于理解的形式，是土木学院在核心价值观教育开展中始终遵循的一条原则。"实践出真知，社会实践就是一个很好的载体。"土木学院党委书记何立新认为社会主义核心价值观教育需要学生在实践中认知、理解、消化。

2016年暑假，土木学院组建17支社会实践团，走出校门，深入基层，结合社会主义核心价值观国家、社会、个人三个层面的教育角度，通过真实的故事、鲜活的人物让学生感受国家的发展成果、社会的现实需求和个人的奋斗历程。

宏伟的桥塔、刚柔并济的钢管混凝土桥拱以及先进的大跨度桥梁施工技术……深深地震撼着"走进钱江互通纽带、感悟筑桥逐梦心路"实践团的同学们，一种强烈的专业自豪感油然而生。爱国就要对从专业学习开始，通过参观，同学们体会到了道桥工作者对国家繁荣、经济发展的促进作用，体会到了一线工程师的不易。"'76岁'的钱塘江大桥已经实现了行车安全和人身安全22235天，这种震撼让我深刻体会到认真严谨是一名土木学子应有的责任。"土136班李世伟说。

"留守儿童"的教育管理是建设和谐社会所需关注的重要课题。在送书给宁夏海原县红羊乡术川小学的现场，同学们看到了术川小学可爱的孩子们渴望知识的双眸、操场上破旧的篮球架、两块石头砌成的黑板……人人生而平等，无论孩子们生在何方，他们都有权利接受平等的教育。一种心灵的震撼和感悟，让实践团的同学们看到了社会的真实一面、感人一面。当实践团同学们带领孩子们读起美丽的格林童话、充满奇幻的哈利波特以及古色古香的唐诗时，孩子们纯真的笑脸、朗朗读书声，深深感染着在场的每一位同学，也让同学们不忘初衷，表示无论条件有多么艰苦，当代大学生都有责任为和谐社会的发展尽献一份绵薄之力。

"绘星火燎原，写意山水井冈"，从遗址故居的勘测到名人故居的描绘，从博物馆红色的图片到今日井冈的繁荣，同学们感受到的是革命先烈英勇奋斗、不畏牺牲的革命精神。在实践调研过程中同学们遇到了很多困难，如天气炎热、水土不服，但同学们坚持不懈，互相鼓励，采集英雄故事，结合自身感悟，创作完成了写意井冈精神画册，并组建了宣讲团，让更多的青年感悟井冈精神，用实际行动爱国敬党。

（二）学用相成

土木学院在培育和践行社会主义核心价值观中，坚持理念创新、手段创新、工作创新，通过宣传教育、示范引领、实践养成三个层次，将核心价值观教育与日常学习、生活各个环节相结合，以学生讲堂、学霸联盟等形式，践行核心价值观。

在大兴校区晚自习教室里，你经常会看到土木学院班级里，同学们上演着一堂堂生动的补习课。学院发动成绩优秀的同学，为大家讲授解题技巧和学习感悟。这称之为"学生讲堂"。同学们互促互进，为了能在课下帮助同学共同进步，班里越来越多的同学拿起了纸和笔，做起了读书笔记。"会做题还不算学会，能把学到的知识用自己理解的方式讲述出来，这才叫学会。"土136班徐梦雄说。通过讲授，同学们不仅巩固了知识，更提升了语言表达能力和思维逻辑能力。

不仅如此，这些小讲师们还为自己提出了一个更高的目标，就是看谁能把课程讲得更好，在这种比拼下，土木学院"学霸联盟"成立了。小讲师们组成了一个更强的群体，他们在这里分享着学习经验。团队里的每一位同学，都保证着学习的四轮程序，即通读课本、精读课本、查漏补缺、习题深化。"经过一个'由薄变厚——由厚变薄'的过程后，我对知识的掌握更加熟练与准确了，这让我们很享受学习的乐趣。"土木工程专业张一诺说。

学以致用，在"学生讲堂"的带动下，过去的一年，土木学院共有27名学生脱离学习困难的状态，占学院学困生总人数的60%。土木学院"学生讲堂"项目，荣获北京建筑大学学风建设实效一等奖和创新奖，荣获全国高校学生工作优秀学术成果二等奖。

让每一位土木学子热爱学习、快乐学习，已经成为土木学院培育和践行社会核心价值观教育的出发点和落脚点。知行相济，学用相成，土木学院用他们的实际行动诠释着社会主义核心价值观，他们一直在路上。

五、校园景观创作访谈整理

时值中秋，月儿圆圆。皎洁的月光辉映着，三对年轻男女手挽着手、肩并着肩，放飞着歌声。歌声在错落的舞姿下定格、凝固……它就是坐落于大兴校区明湖西畔的雕塑——《对歌》（图7-10）。

2017年，《对歌》雕塑正式落成，成为北京建筑大学校园里又一个标志性景观。《对歌》雕塑出自学校教师刘骥林教授之手，是刘教授在1980年创作完成的，作品运用中国古代汉俑简洁、夸张的传统艺术表现手法，展现了青年人对唱的浪漫情景，开创了中国雕塑非写实艺术的先河。作品于1990年荣获日本第三届罗丹大奖赛箱根博物馆奖。带着对刘教授的敬仰，我们对他进行了采访。

（一）创作源于对生活的爱

2017年78岁的刘教授，思维清晰、手脚伶俐，一身运动装束下展现着对生活的热爱。谈到《对歌》，刘教授给我们讲起了他年轻时的故事。

1960年，刘老师为了追求自己的真爱，来到了贵州这片土地。在贵州一待就

图7-10 《对歌》

是18年。18年里他与妻子共同分担着生活的苦涩，也为着彼此共同的追求求索着。为了艺术，他到过偏僻闭塞的民族村寨去采风。榕江县、威宁县、从江县、黎平县等，这些连一般贵阳人都不会到达的地方都留下了刘老师的足迹。他与当地人开怀畅饮，听他们唱民歌。每逢当地民族节日，满山满坡的人和歌声就会激发他创作的灵感和冲动。

《对歌》就是源于刘老师对当地风俗的热爱创作而成的。回想起那段日子，虽然苦涩，但是那种与大自然和淳朴民风民俗的接触，却成了刘老师生命中最宝贵的创作财富。

（二）创作的灵感来源

有了创作的冲动，就要去实现它。每一次与少数民族接触，刘老师都会被少数民族淳朴的民风和载歌载舞的风情所感染，并产生强烈的创作欲望。

但是怎么表现？当时写实是最高也是唯一的审美标准，但刘老师却并不打算采用写实艺术去表现他的灵感。"是不是还有其他办法更能传达出那奇妙的诗情画意？"刘老师不停地问着自己。

月光下，人们的面目是朦胧的，身体也只能看到影子，能不能用最简单的形式表现？随着歌声，身躯的晃动感觉怎样表现？一些问题接踵而来。这也不断地启发着刘老师不断尝试多种表现形式，同时和自己头脑里多年形成的固有观念反复斗争。

终于，刘老师从汉俑的处理方法上得到了启发。他大胆地抛掉写实的习惯，面目不做，只有一个鼻子的感觉，算是"标明"脸的方向。身体尽量简化，为了加强晃动感，刘老师在设计时也暂不考虑重心问题。唱歌的人是面对面，留给观众的却是后背，怎样让它更美些？为了能从人的后背更多地看到对面的人，刘老师把人与人之间的空洞加大，把腰做细，加长。这样一来，创作有了更多地自由，刘老师把更多精力集中在了人与人的联系上。

创作过程中，刘老师吸取了汉俑简洁、洗练、夸张、变形的处理手法；整体组合上，参考了国外现代雕塑的处理手法。在人物性格的塑造上，便于观众理解，女的腼腆、泼辣、端庄，男的调皮、稳重、认真，增加了观者更多的想象空间。

雕塑的形体和空洞，以流畅的线贯穿，使雕塑的韵律感和节奏感也充分地表现了出来。

（三）创作过程的艰辛

现在我们看《对歌》雕塑，它是美的、阳光的、有时代意义的，但是在写实艺术占主导的岁月，它的诞生却让很多人抛出了异样的眼光。

1980年，当刘老师把自己的观点写成论文在研究生毕业答辩会上宣读时，引起一片哗然，有人说观点可以同意，但作品不可理解；有人说这样的作品缺少生活气息，太抽象；有人干脆直言这没眼睛、没嘴巴的算什么东西？甚至个别好心人与刘骥林彻夜长谈，劝他放弃这种探索，告诫他顺着这条路滑下去会有危险……

然而，刘骥林坚持了自己的选择。他坚持不懈地创作了一个又一个作品：《呼唤》《芦笙舞》《交杯酒》《春水》《青春旋律》……此外，他还致力于研究形体和空间。北京东单公园的园林雕塑《鹿泉》、北京双秀公园的浮雕《故事墙》、北京石景山雕塑公园的圆雕《姐弟》……获奖作品也接连不断。

1990年1月30日，对于刘老师来说，这一天非同寻常。晚上，在美国留学的儿子打电话告诉他，《对歌》雕塑在日本获奖了。这个迟来十年的喜讯让刘老师乍闻此讯，却说不出是惊是喜。刘老师收到一张来自日本的通知，告诉他《对歌》已从31个国家、340位雕塑家、442件作品中被选入参加该年7月20日开幕的第三届罗丹大奖赛决赛。刘老师是进入决赛的唯一中国人。这是新中国成立40年以来中国雕塑家的作品第一次在这类大赛中获奖。刘老师感慨万分，30年心血凝聚成的作品终于换来了迟到的掌声。

（四）创新要有一双发现美的眼睛

刘老师说："科学是对物质世界的发现，艺术是对精神世界的发现。"刘老师认为做建筑首先要把基本功打牢，只有掌握牢固的技能语言，才能将看到的美的事物用熟练的专业语言表达出来。《对歌》就是刘老师在受到当地少数民族生活习俗激发以后，用他掌握的艺术语言阐释而成的。

掌握了艺术的语言，还要具备一双发现美的眼睛。刘老师认为美好的事物源于生活，只有善于观察，发现细节，才能发现人类灵魂的变化，挖掘人类精神的精髓。而所谓的创新，则更要拥有广博的视野，对于建筑类专业大学生需要走出校园，遍览名作，站在巨人的肩膀上去观摩学习。"学他，为的是不像他，这才是建筑创作的目标。"刘老师牢记他的老师刘开渠先生的教诲，他也希望今后所有从事创造性劳动的学生记住这句话。

刘老师勤勉的学习态度让我们备受感染，今年78岁的他，还坚持着体育锻炼，每周一次的游泳已经成为他的生活习惯。在刘老师硬朗的身体背后，也让我们看到他对生活的热爱和坚毅的性格。

六、优秀校友访谈整理

他年纪轻轻却有着精湛的技艺，谈笑风生中渗透着他对测绘事业的追求与思考。他就是武润泽，2010年毕业于北京建筑工程学院测绘工程专业，在首届"北京大工匠"的选树活动中，他以精湛的工艺脱颖而出，打败了多位享受国务院政府特殊津贴的专家，斩获"北京大工匠"称号，不到30岁，跻身北京十大工匠之一。

（一）扎实学习　丰富实践

"我来自北京房山，从小在远郊区县长大，考入北建大，是我的梦想。"2006年武润泽报考了北京建筑工程学院测绘工程专业，对专业还懵懂的他，一心想着踏踏实实学样技艺，将来能为北京的建设做点什么。

为了能够把课程学得扎实，武润泽上课认真听讲，下课复习总结。"一定要用足课上时间，老师说的每一句话都很重要。"武润泽自嘲不是什么聪明的孩子，认真听课，勤加练习，才能学得扎实，而这些就跟盖大楼的地基一样，需要做牢固。

大一下学期，武润泽接触到了第一门专业基础课"测量学"，这让他对专业有了初步认识。"老师告诉我们严谨是测绘人必须做的事情，为了得到精准的数据，测量过程要反复校核"，严谨是测绘专业留给武润泽的最深印象，这也成为武润泽日后工作的标准与原则。

有了基础理论，武润泽对测绘就更加好奇了，到底图是怎么画出来的？在数字测图实习中，武润泽按照老师要求，六人一组对校园进行测量。经过了两周，当大家把图纸呈现出来的时候，一股成功的喜悦感油然而生，但是老师却说："虽然你们完成了本次教学任务，但在实际工作中，这点工作量是两个人半天就能完成的。"听到老师的讲解，武润泽的好奇心再次被点燃，"那实际工作中图纸到底是怎么画出来的呢？我们的差距在哪呢？"善于思考的武润泽开始了对测绘实践的新探索。

大学三年级，武润泽赶上了北京测绘技能大赛在学校举办。扎实的业务功底，让武润泽在选拔中脱颖而出，并担任组长。炎热夏天，正值学校的控制测量实习，在实习间隙，武润泽和他的比赛团队加班训练。导线、水准、测图……每一个环节都要求熟练掌握，并在尽可能高的精度下，提高工作效率。

"测绘对精度要求是第一位的。我们测量的每个数据都必须反复检核，一一比对。"谈话中，武润泽谈到测量时，眉头微紧，一副严肃的表情。

"你能感觉到讲课时武润泽的认真劲，他善于思考，经常课下问问题"，指导教师周乐皆介绍说实习期间武润泽经常会对赛事和技能提出自己的见解与思考。出身农村的他，天生就有股吃苦的劲头，蚊虫叮咬、炎热难耐……艰苦的作业条件丝毫没有阻挠他，他还坚持为团队拉箱子、背脚架、抱仪器。

"从鹫峰回来，我们都变成了大熊猫"，武润泽笑着回忆着那段日子，他说奋斗的过程肯定是艰辛的，但是团队作业充满了乐趣，当看到整个测区都是自己团队的人时，内心就会有一种说不出的自豪感，有一种"我们是在为北京建设贡献力量的真实感受"。

精诚所至，金石为开，凭借精准的操作和熟练的技能，武润泽团队在北京测绘技能大赛中获得第一名的好成绩。

"参加完比赛后，我对测绘的了解就立体了。用老师的话说'你们可以参加生产了'。"武润泽认为大学期间的这次比赛，让他对测绘工程有了系统的了解，体会到了各门学科之间在实际应用的关系，这为他后来顺利进入北京市测绘设计研究院工作奠定了扎实的基础。

（二）学以致用，为北京建设贡献力量

入学时，武润泽就想踏踏实实学样技艺，将来能为北京的建设做点什么。2010年，武润泽以笔试第一的身份进入北京市测绘设计研究院工作，从事测量工程，他距离梦想越来越近了。

最初两年，武润泽围绕工程和建设规划做一些野外测量、修路、盖楼、市政管道铺线等工作。野外作业，环境多变，风吹雨打是常有事宜，但在肯于吃苦的武润泽眼里，这些都是一个测绘人应该承受的事情，从踏入大学的那一刻起，他就做好了准备。

"我们爬的山，与景区的山不一样。那一次我们深入山区大约5～10公里，都没有路。满山的荆棘，走着走着，裤腿上都是刺儿。"武润泽介绍作为一名测绘人员，别人上不去的野山，测绘人员必须得上去。在北京西北部山区控制测量时，他们组早上五六点就要出发，要在荒山野岭一边走一边找控制点。全程完成测量预计需要6个小时，中午饭也只能吃自己背上山的干粮。因为测量的是深山，经常会有各种野生动物出没，上山下山，还要准备一个棍子，一边扫着一边走，尤其是怕被毒蛇咬伤。

不仅如此，有时候他们还可能"入地"，就是对地下的设施进行测绘。"一般测绘的范围是地下管线的形状、直径、材质、走向等。地下管线测量难度比较大，比如有的地下管线的温度特高，温度达四五十摄氏度，而且测绘条件也比较差。"

2012年，武润泽还参与了"7·21"大雨后灾区的应急测绘任务。"灾区安置房在建设之前，需要我们测绘人员先对地形进行测绘，做出反映灾后地形的地形图。我们是在当地住了两周，是第一手掌握当地灾后地形地貌的人。"武润泽说。

为了节省时间，武润泽他们还经常走到哪里就住到哪里，走到哪里就在哪里解决吃饭问题。"如果测绘的覆盖面积大，或者测绘地比较偏远，我们就会住在测区附近，以便提高每天的工作效率，因为每天往返的时间成本比较高。"武润泽因工作经常不着家，最长的一次在宾馆住了半年。

问起工作与家庭是否矛盾，武润泽却轻松地回答："测绘行业无处不在，任何一项工程都需要进行工程测绘，'能为北京的建设做点什么'，这是我的初心。"

从踏勘到拓荒，从拆迁到建设，他看着北京城一百多栋建筑拔地而起。"能为北京的建设做点什么"这个梦想，武润泽实现了，并将一直践行下去。

（三）善于思考，优化思维

2013年，武润泽参加全国测绘地理信息行业职业技能竞赛。比赛属于地籍测绘，分理论和实践两部分，理论占分30%，实践操作70%。

"既然参赛就要全力以赴"，武润泽带着这个信念，回到母校温习、求教。

"工作这两年，接触地籍测绘比较少，这次比赛正好让我弥补了这方面的知识。"为了备考，武润泽工作之余查阅翻看了很多关于地籍测绘的书籍，在读中学，在学中思，求知的欲望启发武润泽产生了很多的思考。

为了把问题弄清楚，武润泽经常找到老师求教。这种对知识的认真劲儿深深地感动着教过他的老师。周乐皆老师说："我现在给学生们教书时经常举武润泽的例子，希望同学们都要学习这种求索的精神。"

理论扎实，还要能实践。武润泽说，作为一名测量人员，光闷头干不行，还要结合理论，多接触新技术新方法，只有不断创新才能逼近前沿。

比赛要求两人一组，一个观测、一个跑尺，每个人利用全站仪，在调换角色中根据标准测出数据并绘制1：500的地形图。图纸的质量和精确度需要满足要求，比赛用时最短者取胜。

"用什么方法可以画得更快、更好"，武润泽赛前不停思考着这个问题，"曾记得学校老师告诉我们，要善于思考，优化思维，想方设法用自动化解决一些人工问题。"最终武润泽决定用简码法开发一些小程序。他打算将测区内所有的地物类型以编码的形式录入到全站仪里，经过一定的分类处理，把特定指令的代码以自动化的形式，直接展绘出图。

有了准确的思路，武润泽比赛过程沉稳、踏实，最终他将户外测量时间和绘图时间都控制在90分钟左右，比要求的100分钟快10分钟，精度高、质量好的作业成绩，再加上扎实的理论功底，武润泽获得2013年全国测绘地理信息行业职业技能竞赛地籍测绘项目全国第一名的佳绩。

（四）脚踏实地，创新实践

不积跬步无以至千里，不积小流无以成江海。有了2013年全国测绘地理信息行业职业技能竞赛地籍测绘项目全国第一名的好成绩，2014年武润泽又接连获得了全国技术能手、全国青年岗位能手、全国五一劳动奖章等多项荣誉称号。

透过这些耀眼的光环，武润泽看到了脚踏实地，必有收获，这更坚信了他前进的方向。

外业测绘，一般需要三个人，一个观测、一个跑尺、一个记录。但是武润泽琢磨出了一套利用"手语"传达地物代码的方法。而这个方法，可以把外业测绘精简至两个人。只要双方对手语了解，五指张开一挥或者一摇，测得的数据就可以精准传递到50米外的队友了，这大大提升了数据采集的速度和编码准确度。

2016年，武润泽凭借资质和技能参加北京大工匠评比，经过北京市测绘学会的四轮评审，武润泽精湛的技艺让其跃身为北京大工匠比拼的三名种子选手之一。同时北京市总工会面向全市征集挑战选手，进行终极挑战。

"面对多位享受国务院政府特殊津贴的专家和行业前辈，怎样才能取胜?"武润泽冷静分析赛事。比赛是对测绘基础技术技能的比拼，涉及精密水准测量、坐标测设两个内容。要想获胜，第一要测得精准，第二要靠团队的协调。对于精准，武润泽独有的"手语"传达地物代码法可以快速准确地完成比赛;对于团队，武润泽决定邀请自己的大学同学一起参赛，多年的同学情谊，再加上平日的技能沟通，这个团队对武润泽自主研发的工作技能有着熟练的了解与掌握。在团队精心准备下，武润泽以2毫米的误差赢得赛事，斩获"北京大工匠"称号，成为至今最年轻的"北京大工匠"。

谈到对工匠精神的理解，武润泽说:"我认为北京建筑大学校训是对测绘领域工匠精神的最好诠释，客观准确的数据，加上精益求精的精度，概括起来就是'实事求是、精益求精'。"

当问及这些年一路走来成功的秘诀时，武润泽说:"人最可贵的是不忘本，从事任何一个专业，最本质、最基础的东西不能忘。"这些年，武润泽就是靠对基础测量技能的钻研，脚踏实地，耐心思考，不断创新与实践，才取得了一个又一个殊荣，而这些可能就是我们所说的敬业吧!

言语间，武润泽对于自己的成绩总是轻描淡写，他认为支撑他走到今天的，并不是对成绩的追求，应该是对事业的思考与钻研，这也将是他一直走下去的动力源泉。

参考文献

［1］中共中央 国务院. 国家创新驱动发展战略纲要［EB/OL］.［2016-05-20］. 人民网-人民日报官网.

［2］陈芳，胡喆，温竞华，董瑞丰，张泉，王琳琳. "国家科技创新力的根本源泉在于人"——习近平关心科技工作者的故事［N］. 人民日报，2022-05-31（01版）.

［3］党的二十大报告编写组. 高举中国特色社会主义伟大旗帜 为全面建设社会主义现代化国家而团结奋斗——习近平同志代表第十九届中央委员会向大会作的报告摘登［N］. 人民日报，2022-10-17（02版）.

［4］吴连臣，关呈俊. 大学生科技创新活动实践与探索——大连海洋大学大学生创新活动指导手册［M］. 杨凌：西北农林科技大学出版社，2016，05：1.

［5］国办印发意见. 进一步支持大学生创新创业［N］. 人民日报，2021-10-13（03版）.

［6］安纳利·萨克森宁. 硅谷优势［M］. 曹蓬，杨宇光，等，译. 上海：上海远东出版社，1999：32.

［7］赵怡雯. 创业孵化器之战［N］. 国际金融报，2014-04-21.

［8］陶国富，王祥兴. 大学生创新心理［M］. 上海：立信会计出版社，2006：74-77.

［9］赫运涛，吕先志. 基于公共服务的科技资源开放共享机制理论及实证研究［M］. 北京：科学技术文献出版社，2017：117-118.

［10］郑艳霞，邓艳娟. 数学实验［M］. 北京：中国经济出版社，2019：309-310.

［11］毛泽东. 毛泽东选集：第1卷（第2版）［M］. 北京：人民出版社，1991：282.

［12］张烁. 脚踏着祖国大地胸怀着人民期盼 书写无愧于时代人民历史的绚丽篇章［N］. 人民日报，2013-10-22（01版）.

［13］陆芳，刘广，詹宏基，张宁宁. 数字化学习［M］. 广州：华南理工大学出版
社，2018：62.

［14］时斓娜. 近10年建筑业支柱产业地位持续巩固［N］. 工人日报，2022-09-20
（04版）.

［15］于震. 未来已来，中国建造呼唤创新人才［J］. 中国大学生就业（综合版），
2021，10-12.

［16］住房和城乡建设部."十四五"建筑业发展规划［EB/OL］.［2022-01-15］.
中华人民共和国住房和城乡建设部官网.

［17］何旭."十四五"时期建筑业发展的趋势与机遇［J］. 中华建设，2021（10）：
8-9.

［18］郭刚. 从建筑业"十四五"规划看行业未来发展［J］. 中国勘察设计，2022
（04）：36-40.

［19］丁烈云. 智能建造推动建筑产业变革［N］. 中国建设报，2019-06-07
（08版）.

［20］审计署. 长江三峡工程竣工财务决算草案审计结果［EB/OL］.［2013-06-
07］. 中央政府官网. http：//finance. people. com. cn/n/2013/0607/c1004-
21777137. html.

［21］丁烈云. 智能建造创新型工程科技人才培养的思考［J］. 高等工程教育研究，
2019（05）：1-4.

［22］倪江波. 给"造房子"节能减排这个新职业未来缺口大［N］. 东台日报，
2022-07-13（04版）.

［23］住房和城乡建设部. 住房和城乡建设部等部门关于加快新型建筑工业化
发展的若干意见［EB/OL］.［2020-8-28］. 中华人民共和国中央人民政府
官网.

［24］常晓青. 高职工程造价人才培养的路径创新：基于全过程工程咨询服务模式
的视角［J］. 中国职业技术教育，2022（16）：87-91.

［25］何颖思. 看重工作生活平衡 就业方式日趋多元——"00后"择业面面观［N］.
广州日报，2022-08-29（07版）.

［26］张车伟，屈小博. 稳就业保就业专家谈. 当前青年就业面临的挑战与解决对
策［N］. 工人日报，2022-09-19（06版）.

后　记

　　《建筑类专业大学生科技创新能力培养与就业全程指导》一书，是笔者总结多年学生工作经验所得，是笔者从事建筑类专业大学生教育事业的实践成果。

　　本书立足建筑类大学生的培养，紧扣党的二十大报告中关于教育、科技、人才的工作要求，通过分析影响大学生科技创新能力的因素，梳理大学期间科技创新能力培养平台，结合"十四五"及2035远景建筑行业发展规划，剖析建筑行业创新人才需求。考虑到读者中除了大学生和高等教育工作者之外，还有可能是高中毕业生及其家长，为了方便高中学生及家长提前认知建筑类专业，笔者还特此增加一节，对建筑类课程内容、就业去向、人才培养方向进行了介绍。同时，书中还对建筑类专业大学生的就业现状进行了调查，在调查中发现问题，提出基于大学生科技创新能力培养的全过程就业指导模式。该模式既有聚焦课外科技活动的指导建议，又有面向大学全过程的就业指导时间轴，以点带面，兼顾重点与全局，是笔者多年学生工作的经验之谈。最后一章以生动的案例来呈现，案例按照课堂和实践划分，课堂案例中兼顾了基础课程和专业课程，实践案例中兼顾了科技竞赛、社会实践和校园文化。这些案例聚焦科技创新能力培养，注重施教过程中的实践启迪，注意总结经验与规律，对建筑类大学生科技创新能力培养有很好的借鉴意义。

　　全文有两处分析最具特点，一是对建筑行业创新人才需求的剖析。这一部分围绕建筑行业的转型升级，紧扣建筑工业化、信息化和智能化的新趋势，介绍了建筑设计、智能建造、节能减排、全过程咨询管理四个热门领域对创新人才的需求，摘取建筑施工和全过程咨询管理两个领域的实际案例，捕捉未来建筑技术发展方向，体会建筑设计、造价、监理、项目管理等全过程咨询服务理念，窥见绿色建筑、智能建造、建筑全生命周期对创新人才培养的时代需求方向。二是基于大学生科技创新能力培养的全过程就业指导时间轴。该时间轴汇聚笔者多年实践经验，遵循大学教育教学规律和大学生学习成长规律，针对每一年级的学习困惑和学习目标，提出科技创新能力培养方案。同时对位大四学业、就业、考研、出国等不同任务，分别绘制时间轴，满足大四毕业生不同的指导需求，为大学生科技创新能力培养提供规划参考。

撰写过程中，笔者在践中悟、悟中思、思中学、学中践，是个循环往复、不断更迭的实践论证过程。希望书中的些许经验能够帮助到读者，为新时代建筑类专业大学生科技创新能力培养贡献智慧。

最后，感谢北京建筑大学经管学院与教务处对本书出版的支持。鉴于笔者能力有限，很多观点出自经验之谈,文中若有错误和不当之处，敬请广大读者包容谅解。不胜感激，谢谢!